给孩子讲昆虫

孙道荣◎著　刘海春◎摄

北方联合出版传媒(集团)股份有限公司
万卷出版有限责任公司

图书在版编目（CIP）数据

给孩子讲昆虫 / 孙道荣著；刘海春摄. —沈阳：万卷出版有限责任公司，2024.1
ISBN 978-7-5470-6233-3

Ⅰ. ①给… Ⅱ. ①孙… ②刘… Ⅲ. ①昆虫－少儿读物 Ⅳ. ①Q96-49

中国国家版本馆CIP数据核字（2023）第047749号

出 品 人：王维良
出版发行：北方联合出版传媒（集团）股份有限公司
　　　　　万卷出版有限责任公司
　　　　　（地址：沈阳市和平区十一纬路29号　邮编：110003）
印 刷 者：辽宁新华印务有限公司
经 销 者：全国新华书店
幅面尺寸：180mm × 210mm
字　　数：180千字
印　　张：8.75
出版时间：2024年1月第1版
印刷时间：2024年1月第1次印刷
责任编辑：胡　利
责任校对：张　莹
封面设计：仙　境
版式设计：李英辉
ISBN 978-7-5470-6233-3
定　　价：49.80元
联系电话：024-23284090
传　　真：024-23284448

每个孩童都有一双隐形的翅膀

孩童时，我最好的伙伴、最亲密的朋友，不是小黑，也不是铁蛋，而是那些昆虫：蜻蜓、萤火虫、蚂蚁……

如果我和小黑打架了，我就去找铁蛋；如果铁蛋也不和我讲话了，我就去找蜻蜓玩。小黑和铁蛋都是我的发小，蜻蜓、萤火虫、蚂蚁……它们也是我的发小。这是我的秘密，今天我第一次说出来。

夏天，晒谷场上，大人们在扬稻谷，空气中飞扬着稻芒、碎稻草，还有干瘪的稻子，铺天盖日，但总归会落下来。它们落幕了，半空中怎么还有那么多稻芒在翻飞呀？我把眼睛睁大了，我看出来了，那可不是稻芒，而是蜻蜓。那么多的蜻蜓啊，仿佛全村的蜻蜓都飞来了，甚至隔壁村的蜻蜓也全飞来了。它们在飞扬的稻尘中，穿梭，飞翔，忽高忽低。它们该不是来偷吃我们的稻谷的吧？大人们笑了，它们是来捕食蚊子的。可恶的蚊子，常常在我和妹妹的胳膊上，咬出几个红包，我希望蜻蜓将它们统统吃掉。

晒谷场上的蚊子四散溃逃，其中的一部分，飞进了村里，钻进了我的蚊帐，想趁我在熟睡时，咬我的梦。自从我知道蜻蜓是捕食蚊子的，我就有了一个大胆的念头：如果我的蚊帐里有几只蜻蜓，它们就能帮我干掉那些蚊子，我就能安稳地睡觉和做梦了。我抓住了几只蜻蜓，将它们关在蚊帐里。铁蛋还教了我一招，为了防止蜻蜓飞走，你可以折断它们的翅膀。我真这么干了。被囚禁且被残忍地折断翅膀的蜻蜓，对捕食蚊子完全失去了兴趣，它们只是匍匐在我的蚊帐上，一动不动。几天之后，我发现它们已经死了，可能是饿死的，也可能是渴死的，还可能是孤单郁闷而死的。它们不是我最好的伙伴吗？我不该将它们捉到我的蚊帐里，更不该折断它们的翅膀。

除了蜻蜓，我最爱的还有萤火虫。漆黑的夏夜，你看见田野里、家门口的草丛中，一闪一闪亮着的，就是萤火虫，它们是夏夜的眼睛。我的小伙伴小黑，是我们当中识字最多的，他总能找到一本书，白天看不完，晚上接着看。可是，那时候乡村还没有电灯，小黑的爸爸又舍不得点煤油灯让他看书，他就去捉萤火虫，将它们放在一个玻璃瓶里。他跟我们说，如果能捉到一百只萤火虫，它们的亮光就一定能照亮书上的字了。我们相信了他，一起帮他去捉萤火虫。这些笨萤火虫，在黑夜中发着光，暴露在我们面前，伸手捉住一只，伸手又捉住一只，当我们捉到一百只的时候，小黑说，够了。我们看到，小黑手中的玻璃瓶里面，一闪一闪，无数个亮光，像你抬头看到的星空。可惜，这一百只萤火虫的光，也不能照亮书上的字。小黑并不懊恼，晚上他去村东头的奶奶家，手里就拿着那个装满一百只萤火虫的瓶子。铁蛋问他，它们都照不亮你书上的字，还能照亮路吗？小黑说，照不亮。那你还拿着那个破瓶子干什么？我们都不解。小黑说，让你们看见我啊。是的，你在黑咕隆咚的村里，看见一团萤火虫在走动，那就是小黑。

对一个乡村孩子来说，蚂蚁也是我们的好玩伴。铁蛋和他的弟弟，能跟一只蚂蚁玩上半天。铁蛋找来一根小树枝，拦住了地上一只蚂蚁的去路，蚂蚁绕开了。铁蛋又将小树枝移到蚂蚁的前面，这一回，蚂蚁没有绕开，它迟疑着爬上了小树枝。它上了铁蛋的当。铁蛋飞快地捡起小树枝，悬在半空中。蚂蚁沿着树枝，往前爬，四周看看，全是凌空的悬崖，它一定以为，这就是天路吧。天路也该有尽头啊，它就继续往前爬，爬到树枝末端，一看，是断头路，赶紧掉头，往回爬；爬到这一端，一看，还是断头路。铁蛋每次都是等到蚂蚁爬到头了，快速地换只手，拿住树枝的另一头。奇怪啊，怎么一条路，两头都是断头路呢？可怜的蚂蚁这回彻底慌了神，加快了脚步。它就在这截小树枝上，来回地爬啊，慌张地爬啊，绝望地爬啊，永远没有尽头。铁蛋和他只有两岁的小弟弟，笑得前仰后合。

多年以后，我回乡碰到铁蛋，跟他聊起这件事，已经一头灰白头发的铁蛋一脸茫然，他一点儿也不记得了。我看见铁蛋的小孙子，正蹲在院子里，专心致志地玩着什么。我问他，在玩什么呢？他说，蚂蚁。铁蛋呵斥他，蚂蚁有什么好玩的，地上那么脏！说着，铁蛋拿起一个玩具，递给他。小孙子没有接过玩具，继续蹲在地上。铁蛋摇摇头，笑着说，这娃，那么多玩具不玩，来到乡下，就爱玩蚂蚁，真是毛病。我觉得，小孙子没毛病，哪个孩子的童年，没有过一只蚂蚁、一只萤火虫或一只蜻蜓的陪伴呢？

2019年夏，我去云南普者黑参加笔会，有幸认识云南的摄影家刘海春，那时候，他刚迷上微距摄影，专门拍昆虫。他向我展示了他镜头之下的昆虫世界，令我无比震撼。我在乡村长大，每日与各种昆虫为伴，却从没有以这种方式去观察领略昆虫的美。我当场与他约定，为他镜头下的昆虫配上文字，让我们的孩子，可以从另一个视角，进入这个美妙的昆虫世界。

感谢《羊城晚报》和《常州日报》，分别为我们开设了“昆虫记”及“昆虫微记录”专栏，让我们有机会与广大读者分享昆虫之美和昆虫之趣。更要感谢万卷出版有限责任公司，让更多的孩子能通过这本书，进入一个奇妙的昆虫世界。梦想一旦有了翅膀，就能飞翔。

孙道荣
2023年夏于杭州

第一辑 昆虫之恋

第二辑　昆虫之趣

第三辑 昆虫之美

第四辑 昆虫之雅

第五辑　昆虫之韵

第一辑

昆虫之恋

吻别

夜色掩映之下，一只竹节虫艰难地完成了一次蜕皮。

它的腹部末端，最后从旧的皮囊中，挣脱出来。也许是太累了，也许是对蜕下的皮还恋恋不舍，它没有立即离去，而是深情款款地亲吻了一下自己刚蜕下的皮。这是一次庄严的告别，也是一次蜕变式的成长。在竹节虫短暂的一生中，一般将经历三至六次的蜕皮，每一次蜕皮，都是与旧"我"的告别。

竹节虫算得上昆虫世界里的"巨无霸"，它是体形最长的昆虫之一。在我国曾发现一只竹节虫，长达六十四厘米，是目前已知的世界上最长的昆虫。

竹节虫多为绿色，因形似竹节而得名。竹节虫喜欢在夜晚活动，白天，它就安静地匍匐或倒挂在叶子背面，让自己像一截竹节或一段树枝一样，随风摇曳。

竹节虫一生要经历三至六次的蜕皮

竹节虫亲吻蜕下的旧皮，像是进行一次庄严的告别

与其他所有昆虫一样，竹节虫的皮并不能随着躯体同时成长，这就迫使它们不得不经常蜕皮，从旧“我”的束缚中挣脱出来。每一次蜕皮，都是艰难而危险的，一旦成功地摆脱了过去，它们就可以轻松且强大地走向未来。

麻皮蝽若虫聚在一起

兄弟连

这是麻皮蝽若虫。

麻皮蝽的卵呈灰白色，圆柱状，顶端有盖。当卵孵化完成，它们就像新娘一样，自己掀开盖头，来到这新鲜的世界。不过，率先孵化的麻皮蝽若虫并不急于离开，而是继续聚集在一起。一般情况下，这种聚集还会持续两三日，之后若虫才会散开，开启各自的虫生。

我很好奇，它们为什么在孵化之后，并没有马上自顾自走开呢。要知道，对于一只若虫来说，这个世界既是新鲜好奇的，也是到处都布满危险的，这种群集很容易被天敌发现，而招来灭顶之灾。也许是因为刚孵化的若虫还很弱小，需要抱团取暖？抑或是因为它们特别恋旧，不舍得这么快就离开自己的“襁褓”？也可能是因为它们还在等待最后一位兄弟或姐妹的出生，然后，再一起去闯荡江湖？我非若虫，亦非昆虫专家，并不了解一只虫的心思，但我愿意以一颗慈悲之心去揣度若虫的单纯世界。

麻皮蝽若虫拥有黑色的条纹和红白的底色，这使它们看起来十分漂亮，但这个阶段，它们还只能在树叶和草丛中爬行。随着虫龄渐长，它们的色彩会渐渐褪去，变成灰褐色。一到两个月后，它们将羽化为成虫，有了完整翅膀的麻皮蝽，才有了更广阔的世界。

麻皮蝽若虫具备一定的独立生活能力后，会离开团队，独自生活

刚孵化的龟蝽若虫在龟蝽妈妈身上玩耍

龟蝽之恋

龟蝽的体形圆润，如豆，似龟。大多数的龟蝽，是以豆科属下的一种葛藤叶为食。它们在葛藤叶上出生，在葛藤叶上漫步，在葛藤叶丛间飞翔。冬天来临，它们则躲在枯萎的枝叶下，熬过漫长的寒冬。

九月的某一天，一只龟蝽在一片葛藤叶子上产卵。龟蝽一年繁衍两代，春天是它们的繁殖季，秋天也是。不冷不热的天气，正适合卵的孵化和若虫的成长。有趣的是，卵的形状呈两排纵队，整齐划一，从不乱阵脚。不像有的昆虫，哗啦啦产下一堆卵来，天女散花一般。龟蝽一定是有艺术情怀的昆虫，卵的排列也如此工整，像一件艺术品。这只龟蝽用差不多半个小时，产下了三十四枚卵。它算是龟蝽界的英雄母亲，因为，龟蝽产卵，一般是十到三十二枚。显然，它是不一般的龟蝽。

产卵之后的龟蝽，筋疲力尽，但它并不急于飞走，而是退后几步，骄傲地回望了一眼它的“作品”，然后，才恋恋不舍地飞离。我以为这将是它们的永别，因为，绝大多数的昆虫，这一生不会再有与子女见面的机会。

但是，我错了。半个多月后，摄影师幸运地在另一地点拍到了这样一幕：一只龟蝽，在刚刚孵化的若虫和即将孵化的虫卵前，柔情满怀地照顾着它的孩子们。它用腹部拥抱它们，温暖它们，抚慰它们，样子多么像一只护仔的老母鸡。

原来，龟蝽是群居昆虫，它们生在一起，长在一起，也老在一起。它们的家庭观念很强呢。

美丽的邂逅

一只鹿蛾，在牵牛花丛间，踟蹰爬行。本能告诉它，在花丛间，才最容易找到自己的另一半。

鹿蛾羽化后的第二天就开始交尾，这也许是它们一生中唯一一次的爱情活动，如果不能及时找到自己的另一半，它的虫生就将是有缺憾的。

当它爬上一株含苞待放的牵牛花时，动人心魄的一幕出现了：在花苞的另一侧，另一只美丽的鹿蛾早已静候在此，很显然，那只鹿蛾也不是觅食的，而是与它一样，在苦苦找寻着自己的另一半。此刻，在两只鹿蛾之间，只隔着一朵花苞。这真是爱情诞生的最美好的场所了，花朵即将盛开，芳香即将四溢，爱情即将到来。两只鹿蛾，一上一下，一左一右，微风轻拂，花苞微微颤动，就像两颗渴盼爱情的心，在花

两只鹿蛾在牵牛花丛中相遇，什么也没有发生

丛间甜蜜共振。

不过，它们很快发现，原来它们是同性别的。也许是通过气味，也许是通过观察，抑或是使用了鹿蛾独特的语言，总之，它们意识到，它俩只是兄弟或者姐妹，它们之间根本不可能发生一场轰轰烈烈的爱情。这会不会让它们觉得些许尴尬呢？

它们友好地道别，一只鹿蛾飞走了，另一只鹿蛾随后也飞走了。这是一场误会，也是短暂的虫生中一次美丽的邂逅。

一些种类的鹿蛾一生只交配一次，但令人称奇的是，它们的交配往往长达十八至三十一个小时，天哪，那是怎样一段漫长而幸福的时光！

两只鹿蛾在草叶上交尾

新　生

一只蚜虫在分娩。没错，我用的是分娩，而不是产卵。分娩，一般特指哺乳动物产子。绝大多数的昆虫都是产卵，然后孵化，再羽化成虫。一只蚜虫，怎么能像哺乳动物一样，直接分娩幼虫，而不是先产卵再孵化呢？

蚜虫就这么特别。蚜虫是地球上繁殖能力最强的昆虫，一年就能完成十至三十个世代，什么意思呢？也就是它能在一年之内，最多实现三十代同堂。如果是人类的话，相当于唐朝的第一个皇帝李渊，与宋朝的最后一个皇帝赵昺，能活着打个照面。最厉害的甘蓝蚜，一生则能够繁殖惊人的四十一代，如果全部成活的话，它的子孙将达到 1.5×10^{27} 只（恕我无法描述这个数字是多么多么巨大）。

它们之所以有如此不可思议的繁殖力，原因可能在于，它们太弱小了，太容易成为别人的食物了。为了种族的延续，它们不得不拼命地繁殖，以量取胜。虽然天敌众多，危机四伏，每次分娩总有蚜虫能够侥幸存活下来。而为了确保这种超强的生育力能够实现，蚜虫们更是具备了孤雌生殖的能力，不需要雄性蚜虫，一只雌蚜虫自己就可以怀孕、产子，把蚜虫的后代们快速散布在枝叶上。当然，这是就大多数蚜虫而言。在一年四季温差不大且温暖的地方，很多蚜虫都是孤雌生殖；在温差较大的地方，到了秋天，蚜虫会产出雄性的后代进行有性生殖。

我和你吻别

一只蜻蜓的一生中百分之九十五的时间，竟然是在水中度过的。

夏天，我们常看到蜻蜓在水面飞行，并不时轻轻点水。孩童时，以为它是在戏水，其实是蜻蜓在产卵。蜻蜓的幼虫，即水虿。一只水虿在水中，短则生活两三月，长则要七八年，才能最终羽化成蜻蜓。

成熟的水虿，会选择一个月黑风高的夜晚，钻出水面，爬上一截枯枝，开始羽化。为什么一定要在夜晚呢？一则羽化是蜻蜓一生中最无助最危险的一段时间，很可

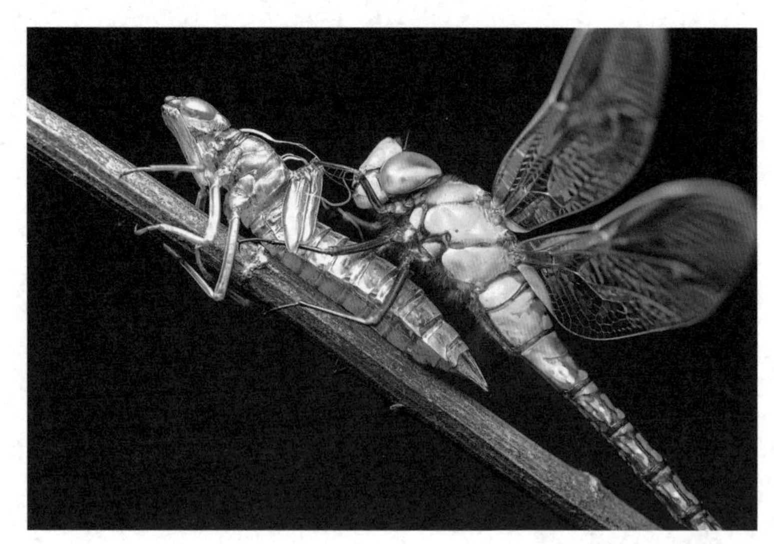

蜻蜓展开翅膀晾晒

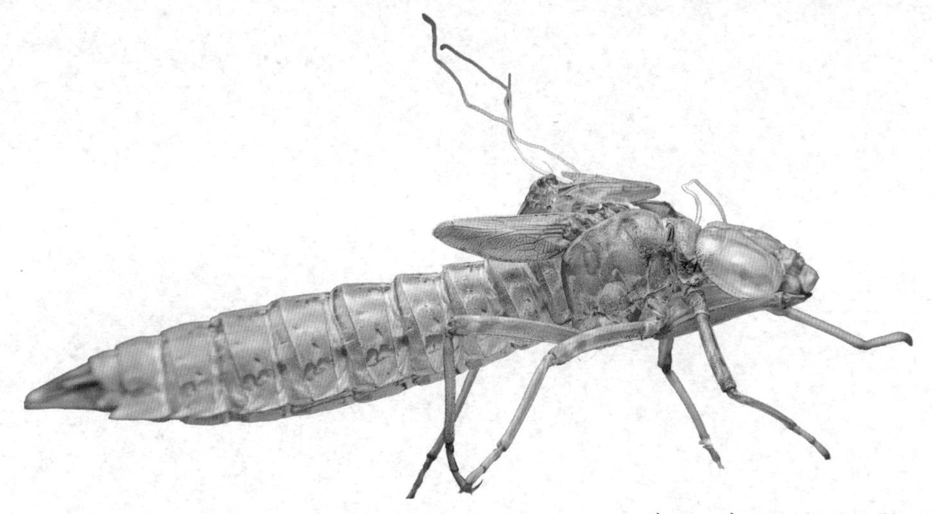

蜻蜓飞走了，水蚕只剩下空壳

能没来得及羽化，就成了敌人口中的美食。二则白天阳光强烈，温度太高，新生的蜻蜓翅膀干得太快，容易破裂，而羽翅有瑕疵，对一只蜻蜓来说，将是致命的弱点。

羽化的过程，漫长而痛苦。虽然生命早期，水蚕就要蜕皮若干次，每一次都很艰难，但唯独这一次，是脱胎换骨，是新生，所以，会尤其艰辛。水蚕紧紧地握住枝干，拼尽力气，让体内的蜻蜓羽化出来。这是一次生命的接力棒，是真正的生命传承。待一只全新的蜻蜓羽化成功，原来的水蚕，就只剩下一副干瘪的皮囊。

这只蜻蜓在羽化后，并没有即刻飞开，而是爬到枯枝上，与自己的“前世”——水蚕的皮囊，进行最后的吻别。它轻拂它，它拥吻它，它向它致谢，它向它致敬，仿佛两个生命，又犹如母与子。这一刻，它是它，它又不全是它。

从此，这蓝天之下，将多出两对飞翔的翅膀，多了一个昆虫的梦想。那是蜻蜓的梦，那也是水蚕的梦。

象甲的爱情

象甲，俗称象鼻虫，已知种类有六万种，遍及全球。为什么它们的族群如此强大？其中的一个主要原因，就是其旺盛的繁殖力。

美好的黄昏，一根粉嫩的藤蔓就像人类的廊桥，多么美妙的约会之地。两只象甲怎能辜负此情此景？一只象甲追踪着另一只象甲，缓慢而去，它们从不心急，即使空气中早已弥漫着荷尔蒙的气息。

一根毛茸茸的藤蔓，最终成了两只象甲幸福的安乐窝。没有豪宅，没有钻石，没有礼乐，只有天地之间，两只象甲纯粹的爱情。

我想，爱情可以在任何时间、任何地点、任何一对象甲之间发生。在不经意的某片树叶上，可能正在发生着另一场象甲的爱情故事，就像在我们身边，对的时间，遇见对的人，就会发生爱情一样。

我看见了你们的爱

两只亮壮异蝽在交尾，一只觅食的蚂蚁路过，它绕了一圈，没有食物，也没啥有趣的事情，蚂蚁挥挥手，打算走了。

不对啊，怎么还有一只亮壮异蝽？

另一只亮壮异蝽，眼睛一眨不眨地盯着这对交尾的亮壮异蝽。蚂蚁不知道，它是一个爱情的失败者，还是一个天使派来的守护神？抑或只是对这对恩爱的亮壮异蝽心生好奇，也是一个看热闹的？蚂蚁肯定是满腹狐疑地离开的。它也许是不想打扰这个三虫世界。

蝽的世界，蚂蚁不懂。我也不懂。不懂没关系，我见证了一段爱情故事，我看到了你们的爱，这就足够了。

一只蚂蚁觅食，看到两只亮壮异蝽在交尾

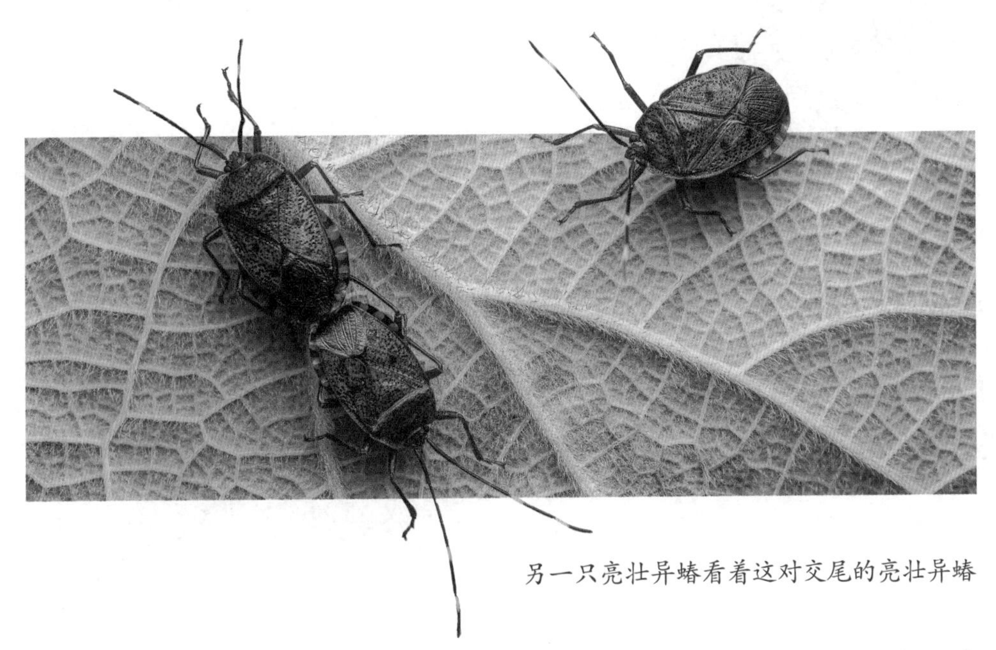

另一只亮壮异蝽看着这对交尾的亮壮异蝽

爱是人类的共同语言，也是虫世界的共同语言，一定也是所有生命的共同语言吧。

亮壮异蝽很有意思，当夏天来临时，它们会抱团越夏，数以百计的亮壮异蝽，像蜜蜂一样紧紧地抱在一起，层层叠叠，蔚为壮观。我只知道，动物会在冬天抱团取暖，那是一种对抗严寒的本能，没想到还有在夏天抱成一团的。它们不嫌热吗？还是这样抱在一起，才能拒酷暑于自身之外？何况，我们都知道的，几乎所有的蝽，都有一个用于防御的臭腺，会在危险时喷发一种奇臭无比的气味。它们这样抱在一起，倘若哪只虫忍不住，放它一炮，岂不将大家活活熏死？

朋友笑我真是多虑了，尔非亮壮异蝽，焉知蝽之香臭？殊不知，有时候，臭味相投也是一种爱呢。

两只荔蝽若虫在枝头相遇

相逢何必曾相识

一大一小两只荔蝽若虫，在十月五日的枝头相遇。十月四日，它们没有遇见；十月三日，它们也没有遇见；偏偏邂逅在十月五日，两只虫因而相信，这就是缘分。

我也相信这是缘分，虫世界大着呢，单单荔蝽这一族，何止亿万？天下的树多着呢，天下的枝多着呢，偏偏它俩一个从枝的东头爬来，一个从枝的西头爬来，在一个枝头碰着，可不是缘分吗？

两只若虫，礼貌而谦逊地互碰触角，左角对右角，右角对左角，融洽和谐，天衣无缝。没错，是同类，说不定还是走散的兄弟，当然，也可能日后发展成为青梅竹马的另一半，谁知道呢？重要的是，一只荔蝽的童年是孤独的，也是无助的，而现在，它们相遇了，它们就不再是单枪匹马了，它们互为伙伴。

拍下这个镜头后，我们在心底为它们许下祝福，就离开了。

十月三十日，在时隔二十五天后，我们再一次在那片丛林的那棵树上的某个枝头，与它们邂逅。世界真是太大了，又太小了。人的世界是这样，虫的世界也是这样。

我们确信，这两只荔蝽若虫，就是上一次我们遇见的那两只。近一个月的时间，枝的颜色变深了，时间也将它们自身的颜色涂深，往后，岁月还会给它们绘上更多的颜色——幸福的色彩或苦难的底色。荔蝽若虫期约为两个月，这之后它们将羽化成荔蝽成虫。

从此，它们一路相伴，相随，相知，相爱。

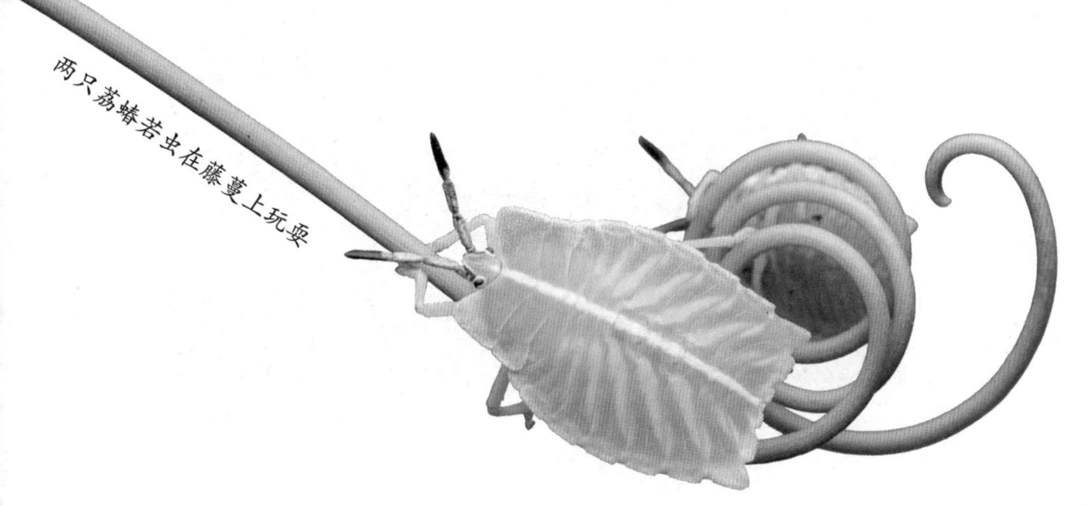

两只荔蝽若虫在藤蔓上玩耍

忠诚的卫士

一只蚂蚁，在搬运一只蚂蚁蛹。

蛹看起来比它的块头更大，因而搬运起来很吃力。一只蚂蚁，从来不会惜力，只要有一丝力气，它就一定会将食物搬回家，也一定会将它守护的蛹保护好。

由卵而幼虫，由幼虫而蛹，由蛹而成虫，大约需要十五天的时间。幼虫全靠工蚁来喂食。工蚁会先将食物吃下去，嚼碎了，软化了，然后，再吐出来喂幼虫。化为蛹时，蛹只会轻微地摇动，遇到风险，毫无自我保护能力。这时候，就全靠工蚁将一只只蛹快速搬运到安全之地。即使没有危险，工蚁也需要经常将蛹搬来搬去。

蚂蚁搬运蚂蚁蛹

蚂蚁靠后脚死死地拽住叶尖

因为蛹的发育需要适宜的温度，这就要求工蚁们不时根据气温的变化，将它们搬运到适宜之地。

可以这么说，是工蚁将一只只幼虫喂养大、拉扯大，一代又一代。工蚁如此心甘情愿地为蛹付出，蛹是工蚁的孩子吗？不是。所有的蚂蚁都是蚁后的子嗣。对一只工蚁来说，幼虫抑或是蛹，只是它的姐妹，或者兄弟。

要想将一只大于自己也重于自己的蛹，搬到安全之地，可不是一件轻松活，路途十分艰险。这只工蚁在搬运蛹时，就因为看不到前方的路，而走到了树叶的尽头，一脚踏空，蛹坠入空中，工蚁的大半个身躯也吊在了半空，只靠后脚死死地拽住叶尖。这么高的叶片，如果摔下去，蛹和蚁恐怕都要粉身碎骨。这时候，如果工蚁松开蛹，自己完全可以脱身，回到安全的树叶上。但工蚁绝不会丢下自己的兄弟或姐妹，它用尽浑身的力气，紧紧地咬住蛹，绝不松口，绝不放弃。

工蚁成功了，它使蛹脱离危险，并把蛹搬运到安全之地。它们一起离开了旧家，又一起来到了新家。

生之延续

树叶上，有一只昆虫的残骸。

它是老死的，还是被别的虫给杀死的，无从得知。活着的时候，它是这片丛林的一部分；死了，它还是这片丛林的一部分。只是这一次，它与植物的叶子、花朵、汁液、果实一样，成为别的虫的食物。在此之前，不知道它的躯体已经被多少昆虫享用过，即使现在只剩下了干枯的残骸，它仍然是一盘美味佳肴。

一只红蝽路过，发现了它。红蝽是杂食性昆虫，多以植物鲜嫩的汁液为生,但也会刺吸其他的昆虫。有时候，遇见其他昆虫的尸骸，它也会将长长的口器插进尸骸中，

红蝽刺吸昆虫残骸

红蝽离开，蚂蚁想把昆虫残骸搬回家

看能不能吸食到一点嫩汁。这一次，它有点失望，这只残骸已经被别的虫吃得差不多了，几乎是完全干枯了。它晃晃小脑袋，悻悻地走开。

一只蚂蚁爬过来了。身为一只工蚁，它的使命就是为蚁群寻找到更多的食物。蚂蚁是杂食家，荤素兼爱。这只残骸算得上不错的食物。不过，残骸过于庞大，小小的蚂蚁搬不动它。没关系，总能扯下一小块，先搬进蚁巢，如果大家都觉得这是一份不错的美食的话，就会有更多的蚂蚁赶来，齐心协力将这只残骸搬运回去。

就这样，一只昆虫的残骸会一次次被别的昆虫或别的什么生物分解、利用，它短暂的虫生结束了，它的生命却没有完全终止，它会融入别的生命中去，成为它们的营养，从一个虫到另一个虫，从一个种群到另一个种群，生生不息。

我想要有一个家

卷叶象妈妈将它的一枚卵，产在了一片鲜嫩的树叶上。柔嫩金黄的卵，像春天里的一粒种子。

接下来，细心的卷叶象妈妈，还会为它的卵宝宝造一个家。它将树叶卷起来，形成一个封闭安全的空间。这就是卵宝宝的家，它将在这里安全而惬意地度过一只卷叶象的幼年时光，风刮不到它，雨淋不着它，天敌看不见它。而且，在它孵化成为一只幼虫后，这个家将摇身一变，成为它虫生的第一餐美食。这就是为什么卷叶象妈妈在产卵时，一定会选择那种鲜嫩多汁、营养丰富的树叶，它不能让自己的宝宝挨饿啊。它无法用乳汁喂养自己的孩子，那就让树叶的汁液来代替母亲的乳汁吧。

大约一周之后，卵孵化，幼虫开始取食树叶，让自己茁壮起来。待储存了足够的营养和能量，它开始化成

卷叶象妈妈在树叶上产下一枚卵

卷叶象妈妈以卵为中心，将树叶卷成筒状的摇篮

幼虫取食叶片

卷叶象妈妈制作的摇篮

蛹。直到某一天，它咬开枯叶，就像一个孩童第一次打开家门。它探出了自己的小脑袋，好奇地打量着这个新鲜而陌生的世界。

羽化为成虫后，卷叶象会像它的父母一样，继续在这片丛林生活。直到它自己也产卵，做了妈妈。它会像自己的妈妈一样，也为自己的卵宝宝编织一个温馨的家。

“我想要有个家，一个不需要多大的地方。在我受惊吓的时候，我才不会害怕。”我们想要有个家，虫也想要呢。

我能成为一片花瓣吗

一只泥红槽缝叩甲，飞落在五色梅上。

它赞叹五色梅，你真美啊。

离它最近的花瓣，瞄了它一眼。花瓣看出来了，它不是蜂，也不是蝶，也就是说，它既不是来采蜜的，也不是来为花授粉的。

对一朵花来说，非蜂非蝶，那就一定是带着别的不可告人的目的来的，最大的可能是来蚕食自己的。花瓣们自顾开放，做出宁死不屈状。

它说，今天，我不来啃你们的茎，也不来咬你们的叶，甚至不像人那样，以爱的名义来采摘你们，自私地拿回去，装饰自己的家。

离它最远的花瓣，骄傲地抖动了一下，小声问，那你来做什么？

它说，我今天只想做一个文艺青年，我想成为你们中的一员。你们看看，我能成为一片花瓣吗？

泥红槽缝叩甲一边说，一边收其羽翅，将自己倒挂在花朵的边缘，让自己看起来像一片花瓣。

可是，你不够鲜艳呀，灰头土脸的，哪里像一片花瓣呢？

泥红槽缝叩甲羞愧地看了看自己，没错，与别的泥

红槽缝叩甲相比，自己没有鲜红的颜色，只有一身灰褐的茶色。与眼前粉红、粉黄、粉嫩的花瓣待在一起，确实一点不显眼，一点不亮丽。

但这有什么关系？它想，纵使我灰头土脸，但谁又能阻挡我成为一片花瓣的梦想呢？于是，泥红槽缝叩甲一动不动地倒伏在花朵上，像一片花瓣一样，在微风中摇曳。

我想成为一片花瓣，只此片刻。

两只叶甲，在宽大的芋头叶上玩耍，相伴相随地度过一天又一天。

它们是兄弟，也可能是情侣；它们之间，是虫的友谊，也可能是虫的爱情。

它们一起爬到叶子的另一面去，只露出一对长长的触角，它们在重温童年的游戏；它们并排在一起，共享叶子的美食，它们是有福同享的兄弟；它们一个在叶子的这一面，一个在叶子的另一面，它们是约会的浪漫情侣。只要与你同在，一片叶子就是全世界，可以玩出各种花样。

这两只叶甲都有鲜红的背，非常醒目，非常靓丽，这可不仅仅是为了好看，没有一个昆虫会仅仅为了美丽的外表，而给自己穿上鲜艳的服装，那只能引来杀身之祸。叶甲在进化过程中，之所以选择了红色，是因为刺眼的红色带有警告意味，它是通过色彩向天敌传递信息：我有毒，我很危险，请不要靠近我，更不要试图侵犯我。往往是越小越弱的生物，越会给自己披上一层艳丽的衣裳，而那个美丽的外表，通常是真的有毒。

此刻，天地之间，没有外来者，更没有侵犯者，只有这一对叶甲，在草叶之上，享受着平凡的一天。但这平凡，因为你的陪伴而又显得如此温馨，如此从容，如此生动。

我们唱着爱的歌谣

夏天的草丛间，到处盛产爱情。

鸟儿在枝头追逐，嬉戏，展开娇艳的羽翼，对着山歌，唱着爱情。虫也不甘寂寞，它们也有爱的权利。

就像这对黄粉鹿花金龟，它们就毫不隐讳地在枝头，唱响爱的歌谣。

就像它们的名字一样，黄粉鹿花金龟有着鲜艳靓丽的外表。大自然对它的所有生物，总是很慷慨，如果它没有给你一副健壮的身体，就一定会给你一双艳丽的羽翼；如果它没有给你一副动听的歌喉，就一定会给你一双迷人的眼睛。

它从不会偏袒或亏待任何一个生灵，给我们阳光，也给我们雨露，让我们为生存忙碌奋斗，也让我们去吟唱享受爱情。

黄粉鹿花金龟是热爱白天的昆虫，它们不喜欢黑暗，阳光让它们看得见彼此，也看得见快乐。它们在阳光下进食，也在阳光下恋爱。

雄性黄粉鹿花金龟，有一对特别发达而强壮的前足，这让它可以更容易地登高望远，也能够更方便地拿到它想得到的一切，尤其是当它遇见自己的爱人，它会伸出长长的、有力的前足，一把将亲爱的雌黄粉鹿花金龟揽入怀中。

它得到了雌黄粉鹿花金龟的爱，它就得到了全世界。爱不是一只黄粉鹿花金龟活在这个世界上的目的，但拥有了爱，黄粉鹿花金龟的一生就没有虚度。没有什么比爱更重要。

它不在乎鸟看见它们时叽叽喳喳的议论，也不在乎风吹过时嫉妒的回声。它们就是要在这高高的枝头，告诉全世界，我们恋爱了，我们爱得正欢。

你听一听，丛林之中，到处都回荡着爱的歌谣。

一枚，两枚，三枚……

所有的母亲，都是辛劳的，也是伟大的、值得我们尊敬的。美丽如蝶的是这样，丑陋如蝽的也是这样。

蝽是很多人讨厌的昆虫，因为它能分泌排放一种臭液，令人闻而生呕、望风而逃。从它们的俗名“放屁虫”“臭大姐”，就可以看出，人们是多么不待见它。但这丝毫也不影响它作为一位母亲的伟大。

这只斑莽蝽在产卵，这是一只昆虫的一生中最神圣的一刻。

斑莽蝽产卵

它艰难地产下了第一枚卵。从这一刻开始，它就不单单是一只斑莽蝽了，不单单是一只不起眼的昆虫了，它成了一位母亲。这是多么令虫骄傲的事情！

紧接着，它产下了第二枚卵、第三枚卵……它们整齐地排列在一起。如果你留意一下，就会惊奇地发现，这些整齐的、精致的、美丽的卵会组合成各种奇妙的图形，令造型师相形见绌。即使你是一个挑剔的人，对这些卵，你也几乎找不出任何毛病。这可能是因为，天下所有的母亲，都是完美主义者。

斑莽蝽的整个产卵过程将会持续一个小时左右，这耗费了它所有的力气。不过，纵使再累再辛苦，卵产完了，它也不会即刻离去，它想要看看它的杰作，它还用爪子清点了一下它的卵，一枚，两枚，三枚……没错，十二枚，多么美好的数字！

斑莽蝽飞走了，把孩子们留在这片树叶上。虫生艰难，它们的命运，只能看造化了。但无论它们能不能幸运地孵化，此刻我们看到的正是世界上最美的图案之一，它是生的力量，也是爱的力量。

十二枚排列有序的卵

好兄弟

角蝉，又名刺虫，是昆虫世界的模仿大师，它们非常弱小，只能靠伪装在险象环生的丛林中讨生活、求生存。

有趣的是，当若干只角蝉同时出现在一根树枝上时，它们会精准地等距离散开，使它们看起来就像树枝的一部分似的，不知道它们是怎么测算出各自的距离的。

这个特殊的能耐，帮助它们一次次迷惑了捕食者的眼睛，逃过一劫。

不过，眼下这只角蝉，还只是一只若虫，它的颜色过于鲜艳，即使躲在灌木丛中，也很容易暴露自己。它既没有自卫的能力，又还没来得及从父辈那儿学会伪装之术，这使得它随时可能成为诸如跳蛛之类的美食。

不过，没关系，自然界遵循弱肉强食法则的同时，也还有另外的法则，让弱小者有机会生存下去。角蝉的若虫就受到这个生存法则的庇护：强悍的蚂蚁心甘情愿地做了它的守护神。

这是一种互利共生的关系，角蝉的若虫，在吸食了植物的汁液后，会分泌一种含糖的分泌物，也就是传说中的“蜜露”，而这正是蚂蚁的最爱。

于是，两个小生命就构筑起了一个生命共同体，角

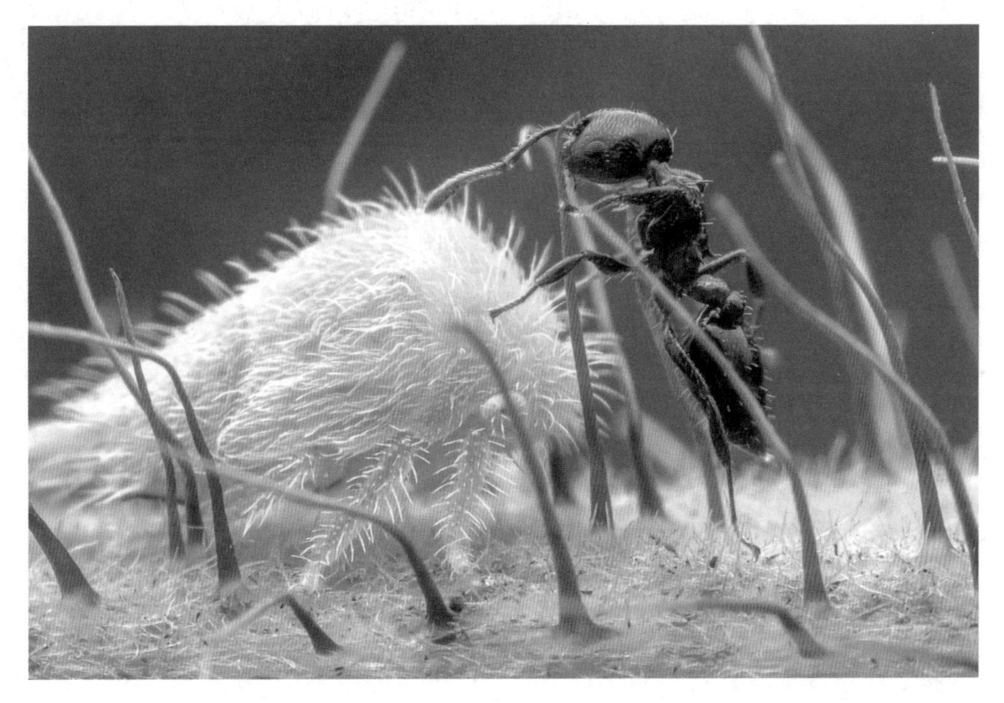

角蝉若虫的分泌物是蚂蚁的最爱

蝉若虫养活了蚂蚁，蚂蚁保卫了角蝉若虫。当有天敌试图搏杀角蝉若虫时，这简直是在砸蚂蚁的饭碗，蚂蚁自然一万个不答应，它会誓死捍卫。

就这样，角蝉若虫与蚂蚁成了一对患难与共、形影不离的好兄弟。它们才是真正绑在一根绳子上的“蚂蚱”，只为了一个信仰：活下去。

象甲遇到虫卵

一只老虫的念想

寒风已起，秋露已生，一只大象甲，在草丛中慢悠悠地趑趄而行。

它已经太老了。春天过去了，夏天过去了，秋天说来就来了，对一只象甲来说，这一辈子已经够漫长了。现在，它老了，它也累了，它已经走不动了，它也不想走得更远，谁知道哪缕秋风，就会将它刮翻在地，像翻动一片枯黄的树叶。而它却再也不能像过去那样，打个挺就翻身而起了，它已经翻不动自己苍老的躯体了，只待秋天这把镰刀，将它收割。它会遗憾自己不是一棵庄稼吗？

说到遗憾，这只象甲停下了脚步，它要认真地想一想，这辈子有没有什么遗憾。

它走过一片草地，熟悉每一片叶子，它从一株植物飞到另一株植物，像个时间的旅行者。它看到过绿油油的草丛，美丽极了，也听到过风里面的故事，有趣极了。

再说，它也像别的象甲或其他什么虫一样，有过轰轰烈烈的爱情。它的这辈子不算是虚度的。它想，这么说，我是没有什么遗憾的，我本可以随风而去。

但是，为什么此时此刻，我会有一些淡淡的忧伤呢？也许是我真的老了，也许只是因为我看到了这些像豆子一样的卵。

一只足够老的象甲，什么没有见过。它自己就产过很多卵，像它们一样漂亮，不不，显然比这些卵更圆润、更饱满、更鲜嫩。它认识这些卵，它知道它们将成为一只只毛毛虫。它只是好奇，它们还来得及孵化吗？

这只老态龙钟的象甲，不免替这些可怜的卵担忧。它伸出一只爪子，轻轻触碰了它们一下。这个温柔的动作，让它自己也吃了一惊，它想起自己刚做妈妈时的样子。可是，一转眼，时间去哪儿了？热闹的虫子们去哪儿了？自己的孩子们又去哪儿了？

活到老，即使一只虫，也能成为悲天悯人的哲学家，就像这只象甲。它在秋天的深处，思考着身为一只虫的过去、现在和未来。

象甲触碰虫卵

羽扇，纶巾，谈笑间……

没把羽扇，文人雅士似乎就没了做派。

诸葛亮有把羽扇，“葛巾毛扇，指挥三军”，摇着扇子，指挥千军万马，气定神闲；周瑜也有，“羽扇纶巾，谈笑间，樯橹灰飞烟灭”，这更厉害，扇子摇摇，就灭敌如弹烟灰。他们有羽扇，我就没有吗？

我乃大名鼎鼎之摇蚊也。摇蚊摇蚊，没把羽扇，怎么摇？不但要有，而且是自带的，均匀，细致，精致，毫毛毕现。我不但有，而且，要有就是一对，要拿就拿一双，左一把，右一把，摇得山呼海啸，摇得天昏地暗，摇得日月无光。头顶之上的两把羽扇，是雄性摇蚊的标配。如果论做派，以及摇扇的风度，则诸葛亮略输文采，周瑜又稍逊风骚。

必须正名的是，摇蚊是蚊子，却是一只无论雄性还是雌性都不会吸血的蚊子，顶多是喜欢像文人雅士一样卖弄一番风骚的蚊子。

摇蚊一生中的大部分时光，是在水中以一枚卵或幼虫的形态度过的，一旦羽化成蚊，也就意味着，它的生命很快就要飞到了尽头。所以，摇蚊的使命之一，就是抓紧时间谈一场轰轰烈烈的恋爱，来一场浪漫的“飞婚”，找到自己的意中蚊。一只雌摇蚊一生只产一次卵，这似乎是它成为一只蚊子的全部意义。

摇蚊当然不甘于这平凡无趣的一生。它摇摆着头顶之上的两把羽扇，如果不能指挥千军万马，又不能吟诗作对，那就扇一点清凉的微风吧，在这静寂的夏夜，留下一只摇蚊活过的一缕证据。

长尾巴的蝉

蝉，因其永不停歇的聒噪，惹人厌烦。但也有例外，比如这种云管尾犁胸蝉，就有着奇特的尾巴，以及艳丽的色彩。与大多数黑不溜秋的蝉比起来，它们是蝉里的另类，算得上美仙子。

云管尾犁胸蝉喜欢聚集，它们匍匐在一个树枝上，挤挤挨挨，层层叠叠，几乎与身体等长的尾巴，骄傲地翘起，仿佛是在比长短，抑或是争一争，谁能翘得更高，像那些高傲的人一样。

燥热的夏天，蝉的声音让燥热蔓延，是令人讨厌的。蝉这么不休止地聒噪，不觉得累吗？它自己听着不烦吗？

云管尾犁胸蝉正面

云管尾犁胸蝉聚集在一起

其实，雄蝉大多听不见自己的声音，它只是通过鼓膜的振动来吸引异性的注意，它并不知道，它的这个求偶行为闹出了多么令人厌烦的大动静。而雌蝉是矜持的，也是骄傲的，因为它从来不需要靠炫耀什么来获取爱情，一只雌蝉淡淡的“体香”就能引来无数的雄蝉。

雄蝉会发出三种不同的声音，当天气变化时，它会发出一种悦耳的声音，就像风吹动响铃；当它春心萌动、求偶心切时，它会发出一种迫切的声音，如泣如诉；而当它被一个顽皮的孩子捉住时，它会发出一种粗砺的声音，充满了恐惧和绝望。

不知道，作为一只蝉，云管尾犁胸蝉会不会歌唱。如果会，它们在夏日的丛林中放声歌唱，因为其尾巴的独特性，它们的歌声听起来也许是拖着韵脚的、合着节拍的、婉转动人的。想着想着，云管尾犁胸蝉，让人陡生一种莫名的好感。

云管尾犁胸蝉侧面

第二辑

昆虫之趣

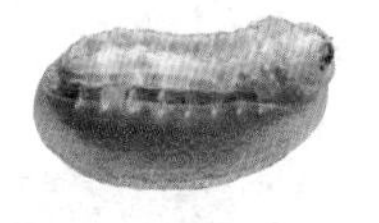

『拉链虫』

这是一只瘤叶甲展翅飞翔的一瞬。它展开鞘翅，就像打开一副拉链，而犬牙交错的“拉链”之下，就是它薄如轻纱的膜翅。

瘤叶甲很小，成虫只有五六毫米大，浑身呈深褐色，这使它看起来就像一粒虫屎。当然，这只是它的伪装术之一，没有谁愿意对一粒虫屎下手，它因此逃过了丛林之中一个又一个天敌。

如果这个天生的伪装被识穿了，瘤叶甲还有一招自救的本领，那就是装死。装死是很多弱者自救的手段。瘤叶甲借此手段，能够一次次死里逃生。不过，聪明的

瘤叶甲展翅飞翔

瘤叶甲收起翅膀，拉上“拉链”，将羽翼保护起来

人类也往往利用了它们的这一特点，待它们躺在树叶上装死时，突然摇动树枝，将其一一震落、采集。

在树叶上安静地休憩或觅食时，它们会收起鞘翅，拉上“拉链”，将它们的膜翅保护起来，也将一只虫所有的孤独和心思，以及艰难的虫生，都锁在“拉链”之下。“拉链”总是能给我们带来很多遐想，一只拥有了天然“拉链”的瘤叶甲，自然也让我们联想很多，诗人们甚至想到了一只虫的梦想。

瘤叶甲可没想这么多，它只是暂时拉上“拉链”，收起羽翼；它随时准备振翅而飞，从一片树叶，逃往另一片树叶。

袖珍西瓜

这只“西瓜”其实是贝刺蛾幼虫

我是不是看错了，一粒小西瓜，结在了树枝上？

它实在是太像一粒袖珍西瓜了，那嫩绿的色泽，那椭圆的形状，乃至那霜白一样的纹理，简直与西瓜无异。它当然不是西瓜，而是一只贝刺蛾的幼虫。这是很多昆虫都具备的天然本领——拟态，与环境伪装成一体，从而躲避天敌。看样子，这只贝刺蛾幼虫的拟态很成功，骗过了天敌，也差一点骗过了我的目光。

刺蛾一科有一千余种，几乎遍及地球的每一个角落。有意思的是它的别名，在东北，人们管它叫洋辣子；在山东，人们又呼它为痔子毛、八街毛子、巴夹子；而在苏皖一带，人们则称之为刺毛虫、魔辣子。此外，它还有八角虫、播刺猫、带刺毛毛虫、蛰了毛子、毛辣子、洋辣罐、棺材钉、促子猫、搔角虫等诨名。

清编《医宗金鉴》对其有专门记载，形象地称之为“射工”:“人触着，则能放毛射人，初痒次痛，势如火燎，久则外痒内痛，骨肉皆烂，诸药罔效。”原来这个看起来很美好的小东西，实则厉害得很，脾气大得很呢。

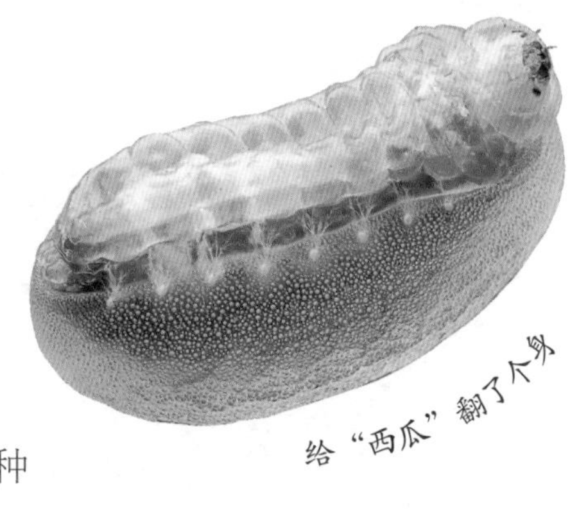
给“西瓜”翻了个身

其实，刺蛾科幼虫分为两种类型，一种是枝刺型，就是洋辣子那一类，它的刺像树枝一样，锋利，有毒，不能触碰，它们的颜色通常非常鲜艳，是警戒色；一种是胶质型，如透明的胶质一般，放在手上，有一种凉凉的感觉。

同一个科的幼虫，像同一个种族的人一样，千差万别，可不能以一概全。

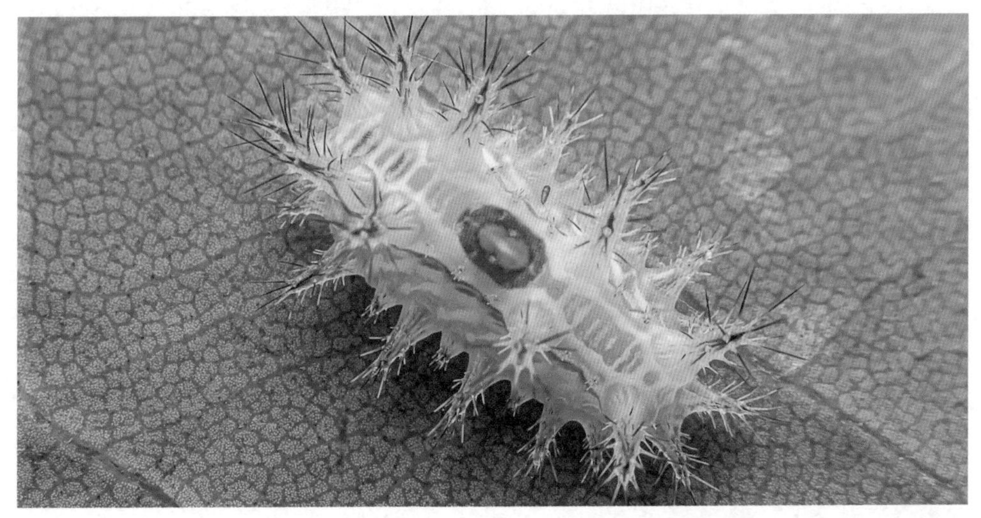
枝刺型刺蛾幼虫有毒，不能触碰

牧

在一片草叶上，一只蚂蚁与一群蚜虫相遇。

蚂蚁不是来吃蚜虫的，蚜虫也不是组团来攻击蚂蚁的。它们的关系，更像是牧民与奶牛的关系，蚂蚁放牧，蚜虫提供奶作为回报。

蚜虫身体柔软，对一些以小昆虫为食的昆虫来说，蚜虫可谓上佳的美食。蚜虫的天敌很多，瓢虫、食蚜蝇、寄生蜂、蚜狮，统统都是。蚜虫又喜欢群居，对蚜虫的天敌们来说，随便找到一窝，就可以轻易地享受一顿美味的饕餮大餐了。

坐等成为别人的盘中物吗？蚜虫当然不甘。它们有很多自我保护和防御的方法。有的蚜虫能够与植物组织作用，使得植物形成一个瘿，而蚜虫就躲在瘿中，从而免受天敌的捕食。有的蚜虫能化身为具有防御功能的“士兵”，来保护这个瘿。有的蚜虫能够分泌一层绒毛状的蜡覆盖于体表，使自己的“壳”变得坚硬，来进行自我防护。还有的蚜虫，甚至能够研发一种“化学武器”，它们在体内储藏了强烈的芥末油气味的化学物质，当天敌来了，就乱放一通，熏死它们。

不过，大多数蚜虫显然更聪明些，它们与强壮的蚂蚁达成了统一战线。蚂蚁保护它们，赶走天敌;作为回报，

蚜虫们会不时翘起它们性感的尾巴，分泌出甜蜜的蜜露，来犒劳自己的守护神。

在奇妙的生物界，互利互惠，既是一种生存智慧，也算是一种虫生境界。

蚂蚁为蚜虫提供保护，蚜虫分泌蜜露犒劳蚂蚁

螽斯的皮影戏

清晨的阳光，将一只螽斯若虫的影子，清晰地映衬出来——一场螽斯的皮影大戏，仿佛就此拉开序幕。

螽斯雄性成虫是歌者。最常见的俗名叫蝈蝈，不过，对于这样一位伟大的歌唱家，仅有一个艺名显然是不够的，民间给它取了各种各样的雅号。以艺术流派分，南派的螽斯，统称“南哥”；北派的螽斯，则统称“北哥”。以区域分，一只螽斯，生在山东，则为“鲁哥”；来自山西，则为“晋哥”；倘出自皇城根下，则贵为“燕哥”。若以时序分，端午节后出生的，名曰“夏叫”；立秋后出生的，偏曰“早叫”；而到了晚秋才姗姗来迟的，干脆叫“冬虫”。还可以按它们的体色分，绿色而有光泽的称“翠哥”，绿中带白的名“白哥”，紫红如铁者叫“铁哥”，眼红如血者呼“红眼翠哥”，眼黑如墨者唤“黑眼铁哥”。哥不是传说，哥是虫，但哥的名字，就是这么多、这么丰富、这么靓丽。

螽斯若虫的皮影大戏

螽斯成虫

雄性螽斯成虫靠一对覆翅的相互摩擦发声。其鸣声各异，有的高亢洪亮，有的低沉婉转，声调或高或低，声音或清或哑。闻之，或如潺潺流水，或如急风暴雨，或如大珠小珠落玉盘。因为发声的频率不同，从870赫到9000赫，统统是螽斯的波段，你所收听到的，都是螽斯音乐电台的现场直播。单单一个夏天，一只螽斯的嘶鸣就达五千多万次，让任何一位歌唱家都自叹弗如。

此刻，晨曦静谧，在光与影中，螽斯若虫尽展自己曼妙的身段，待它长成，它会尽情地歌唱。江河壮美，草叶茂盛，虫生如此美好，叫我怎能不踏影而舞、舞而歌之？

蝗蝻伏在枝叶上

天线

触角，是昆虫最重要的信息接收器。

大多数的昆虫，总是会不停地上下、左右、前后摆动它的两只触角，仿若一对天线，在搜索、探寻、收集来自四面八方的电波信息。

别小看了昆虫的两只触角，它们异常灵敏，密布着众多的感觉器和嗅觉器，既能感触器物，又能探测气流，还能够辨嗅各种气味。可以说，一只昆虫对于外界的大多数信息，都是靠这对天线搜集而来的。

此刻，这只蝗蝻（蝗虫若虫）伏在枝叶上，竖起它的两根天线，警惕地探测着周围的讯息。它感受到了嗡嗡之声，如虫鸣，如风噪，又似翅翼滑过空气，但不用抬眼，也不必竖起耳朵，它就辨识出来了，又是那只讨厌的蝇，来骚扰它的晨梦了。

当然，蝗蝻自知，与它的昆虫邻居们比起来，自己的触角还是逊色了一点，它们的触角才更敏锐、更现代、更酷炫。

比如，二化螟的触角，能够识别水稻的气味，迅速地找到食物；而姬蜂的触角，竟然可以探测到其他虫体散发出的微弱红外线，从而准确无误地捕捉到隐藏起来的昆虫，产卵寄生。

最厉害的要数印第安月亮蛾，仅凭它的两只触角，就能察觉到十一公里以外的配偶的信息，难怪它有如此诗意的名字——月亮蛾，你这是要独霸昆虫世界的爱情吗？

蝗蝻的触角虽然不是最强大的，没关系，它们还有强劲有力的后腿，可以帮助它们以最快的速度逃离是非之地。

上帝在关掉一扇虫门的时候，也不忘打开一扇虫窗呢。

触角之舞

螽斯一生要蜕皮五六次，才能从若虫成长为一只成虫。所有的昆虫都需要蜕皮，这是虫之为虫必须经历的苦痛。每一次蜕皮，都是一次脱胎换骨、一次浴火重生。蜕皮之难、蜕皮之苦，非虫而不能言。

与其他昆虫相比，螽斯若虫蜕皮，更艰更难。因为，它有长长的、长长的触角。仅仅将一对比自己的身体还要长的触角，从原来的触角中蜕变出来，就得用去一个多小时。不能急，不能躁，稍有不慎，新的触角就被拉折了、扯断了。而没了标志性的触角，螽斯就不是螽斯

螽斯的触角在微风轻抚下显得十分飘逸

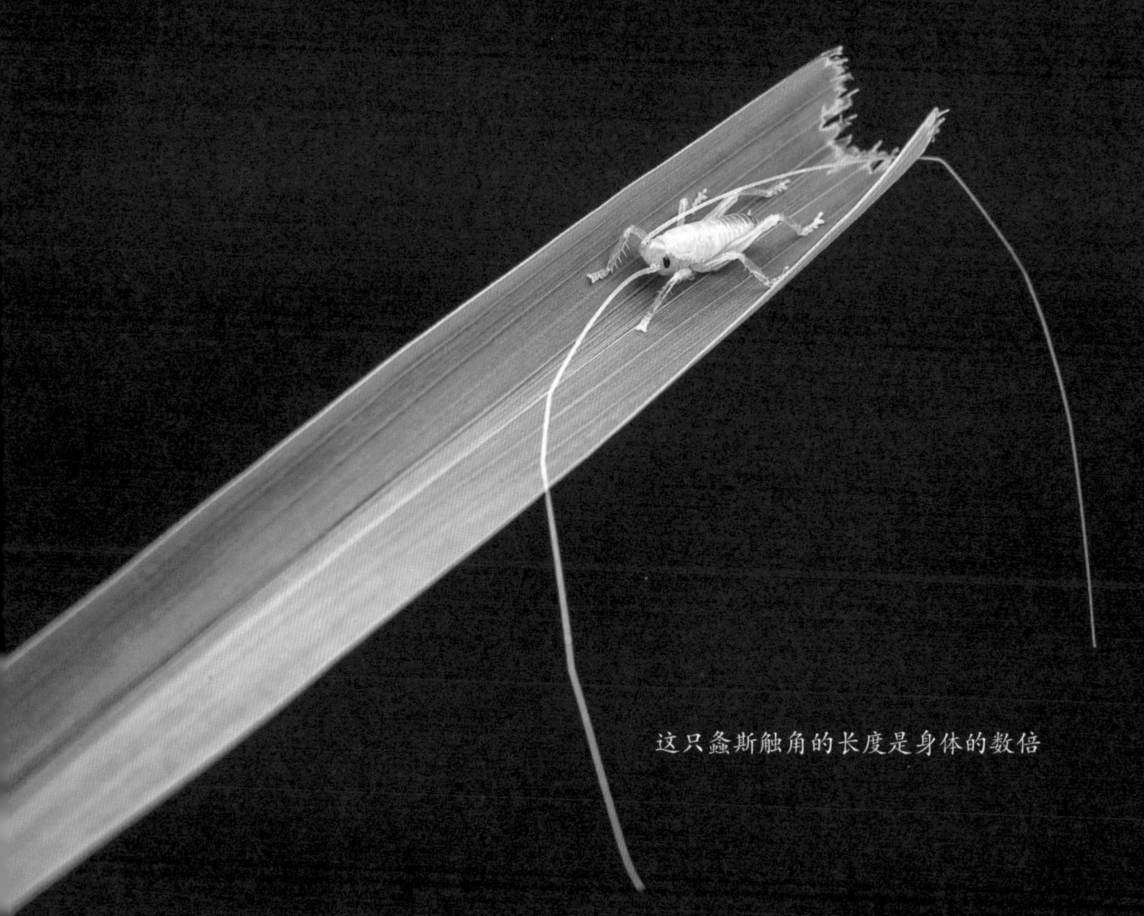
这只螽斯触角的长度是身体的数倍

了。所以，螽斯的蜕皮，更像是一场触角的曼妙之舞。

长长的触角，如丝如线，如毫如缕，纤弱飘逸。螽斯若虫耐心地将它一点点地，从原来的身躯里抽出来。即使无风，你也能感受到那种流畅之姿、通灵之美。此刻，空气也愿意成为它的背景，连草叶也屏住了呼吸，静观这柔美之变。

与别的昆虫一样，触角就是螽斯的耳朵，也是螽斯的鼻子和手指。螽斯靠触角去嗅探、触知、辨识外面的世界。有一对长长的触角，螽斯就可以与世界沟通了。它伸出崭新的触角，告诉世界，我来了。

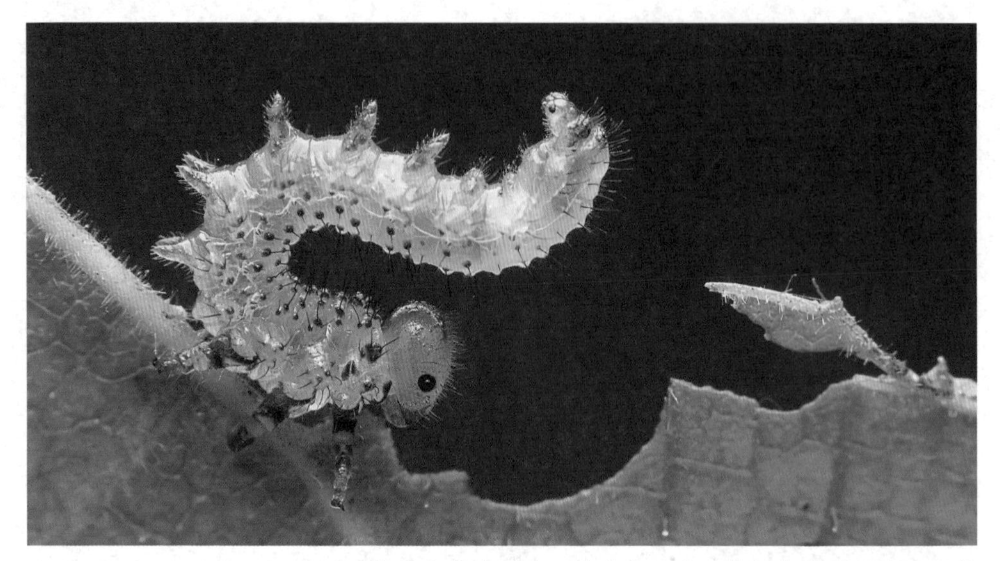

叶蜂幼虫喜欢倒立，其实是因为叶蜂幼虫的腹足没有趾钩

倒立达人

叶蜂幼虫都是倒立达人，它们总是喜欢将自己的尾部高高地翘起玩倒立的游戏，即使是在进食时。

人们很容易将叶蜂幼虫与毛毛虫（蝴蝶、飞蛾的幼虫）混淆，它们最大的区别是，毛毛虫的腹足有明显的趾钩，而叶蜂幼虫没有。毛毛虫强有力的趾钩能帮助毛毛虫在爬行时，牢牢地握住攀附物，平衡身体，左右方向。叶蜂没有趾钩，不能用身体的后半部分爬行，也就是说，后半部分的身体，对它的行动是没有多大帮助的。那又有什么关系？调皮的叶蜂幼虫干脆将自己的尾部高高地翘起来，像旗帜，招展，傲娇，性感。

据说，练练倒立对身体的血液流动有好处，利于消除疲劳，而且，可以换一个角度去看问题、看世界。叶蜂幼虫世代传递，倒立了上亿年，也许人类是从叶蜂幼虫那儿学会了倒立的技巧。

你看看倒立的叶蜂幼虫，姿势多么优雅，神态多么从容，造型多么有艺术气息呀！它不需要看清远方的世界，也不需要换什么角度去看世界，它将一片叶子啃成月牙形，然后将自己的身体也扭成月牙形，虫叶合一，自然和谐，形神兼备。

叶蜂幼虫进食、排泄时也保持倒立姿势

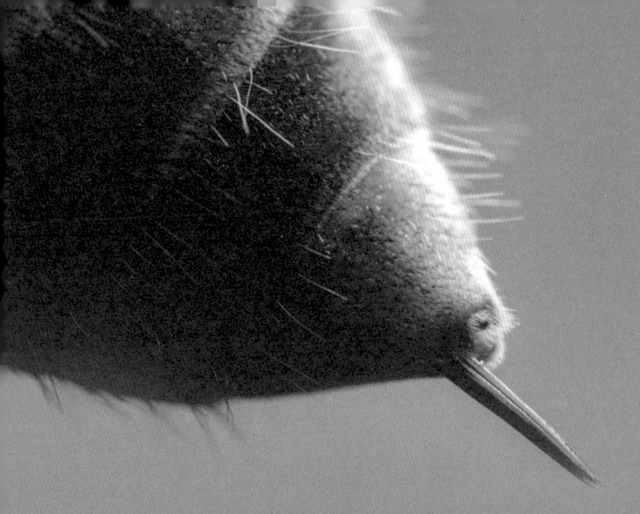

胡蜂的螫针

『一针禅』

很多膜翅目昆虫的尾部都有一根致命的武器——螫针。蜜蜂有，胡蜂也有。当遇到危险时，蜂就会用它自卫，轻则送对手一个小红包，重则直取敌人的小命。

这根针有多厉害？就连人也惧之三分。小时候，很多人在野外挨过蜂蜇，那种痛终生难忘。之所以很痛，其实不是被蜂蜇得伤口痛，那么小的一个伤口，几乎可以忽略不计，痛不过打针。但是，很多蜂在蜇你的同时，会分泌毒素，直接注射进你的血液，倘不幸挨蜇的地方恰好是血管，毒素就会循着你的血管，快速流遍你全身，那就不止一点酸痛了，很可能要你的命。

你就看看这只胡蜂的螫针吧，尖锐，锋利，寒气逼人，仿佛能随时透出纸背，扎入你的肌肤。如果评选昆虫界的武林高手，我觉得所有的蜂，都是“一针禅”的传人。

胡蜂遇到危险时，会毫不吝啬地充分使用这个强大的武器，因为它们的螫针没有倒生刺。蜜蜂则不一样，蜜蜂的螫针有倒生刺，当它们将螫针扎入敌人的体内时，往往用力过猛，而难以拔出，有时为了收回螫针，甚至将自己腹部的内脏器官都活生生扯出来，导致自己一命呜呼。这样伤敌五十、自损一百的亏本买卖，非万不得已，蜜蜂是不肯干的。

胡蜂头部

人类比蜂聪明，我们的祖先在挨了蜂一次次的蜇之后，痛定思“变”，竟然学会了一种奇妙的疗法——蜂针疗法。以蜜蜂的螫针为针具，对穴位施以不同的针刺，以达到祛病强身之效。蜂蜇，不再只是单纯的痛的记忆。

还有人利用蜂的螫针钓鱼。活捉黄蜂若干只，折断其翅膀，然后，将其投入水中。鱼见到漂浮在水面挣扎的黄蜂，吞而食之。被鱼吞食的黄蜂会本能地蜇出螫针，鱼挨了黄蜂致命一针，即刻中毒，昏迷或毙命，浮出水面，成为人的猎物。

姬蜂平展翅膀，停在叶子上，
像飞机停在停机坪上

姬蜂的『停机坪』

两只姬蜂，整齐地栖息在一片树叶上。它们排列的方式，很像两架飞机停在停机坪上，羽翼展开，时刻做好起飞的准备。

姬蜂的种类众多，仅在我国，估计就有两千多种。姬蜂很容易与蜻蜓混淆，其实它们之间有一个很大的区别：姬蜂的头顶有两只像雷达天线一样的长长的触角，而蜻蜓的很短。

姬蜂有很多独特的习性。它们来到这个世界的方式，就与众不同。

姬蜂是寄生性昆虫，成年姬蜂会将卵产在寄主——毛虫、蜘蛛、甲虫幼虫等身上，或者干脆直接将卵注入寄主的体内。无论采取哪一种寄生方式，在卵孵化成幼虫之后，寄主都将成为它们虫生的第一餐美食。

姬蜂特别聪明。有一种姬蜂，产出来的卵上都带有一个柄，这个柄会深深地插入寄主体内，让寄主这辈子绝无摆脱的可能，寄主不得不养活这个寄生虫，并最终成为它的食物。

对寄主来说，外表温柔，甚而有点美丽、颇有风度的姬蜂，就是这么可怕、可恶。不过，因为其寄生的大多是害虫，姬蜂无意间成为人类消灭害虫的好帮手，因而，在我们人类看来，姬蜂是益虫。

姬蜂头部中间有三只单眼

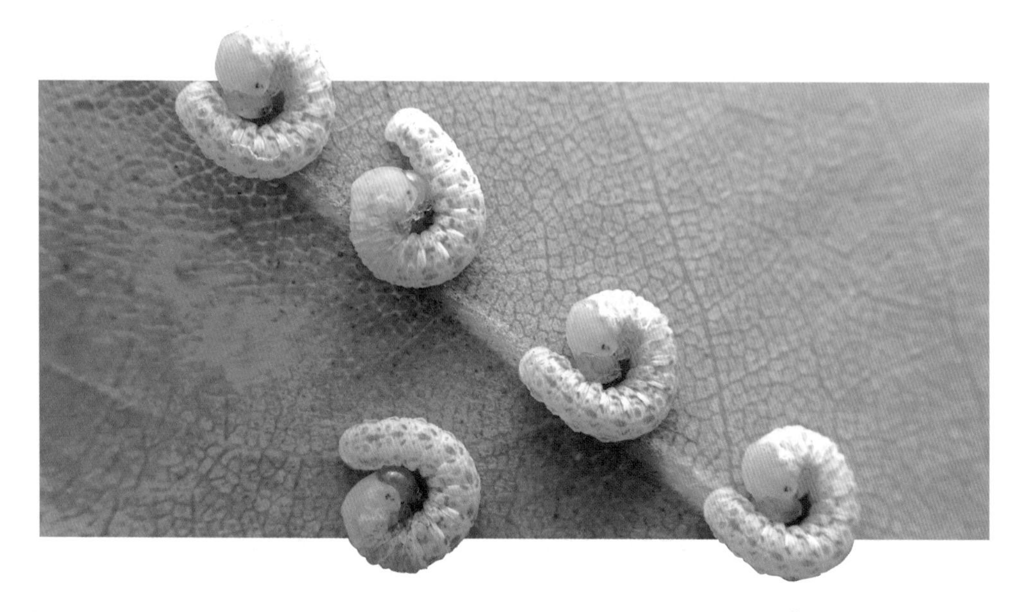

五只幼虫在一片叶子上休息

你做反啦

五只蛾宝宝，有序地排列在树叶上。

它们刚刚从卵孵化成一只只幼虫，这是蛾的童年。此后，历经数次蜕皮后，它们将结茧成蛹，最终羽化成一只只美丽的蛾。这将是一个漫长而痛苦的过程，它们并不急于长大。

让我们来做蛾宝宝保健操吧，一只蛾宝宝对其他四只蛾宝宝说。

像我一样，顺时针扭动身体，将头埋进我们自己的怀抱。领头的蛾宝宝一边说，一边将自己弯曲成一个胖嘟嘟的圆圈。没有妈妈的呵护，它们只能自己照顾自己，自己玩耍，自己找寻童年的快乐。

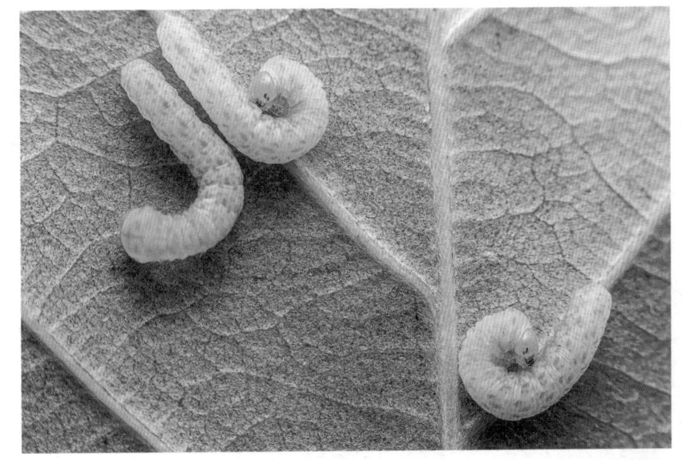
三只幼虫造型各异

其他蛾宝宝都学着它的样子，将自己的身体弯曲成圆。

领头的蛾宝宝抬起头，看了一眼它的兄弟姐妹。嗯，你们都很聪明，很可爱，做得不错呢。

但它很快发现了问题。看起来整齐划一，但就是哪里显得有点怪异。哦，我看出来了，老二、老五，你们都做反啦。是顺时针旋转，不是逆时针。

可是，什么是顺时针，什么又是逆时针呀？蛾宝宝你看看我，我看看你，一脸蒙圈。

算了算了，顺就顺吧，逆就逆吧。不管怎么旋转，我们的样子都无比可爱。我们就是这么可爱。现在，让我们安静下来吧，听一听微风拂过绿叶，为我们吟唱一首蛾宝宝的童谣。

吹呀吹呀吹泡泡

沫蝉又称“会吐泡泡的口水虫”，在它还是若虫的时候，就善于吹泡泡，一个泡泡，又一个泡泡，无数的泡泡组合在一起，像一个香飘飘的大浴缸，而它自己，就无比惬意地藏在泡泡之中。

沫蝉若虫为什么如此热衷于吹泡泡？原因很简单，炎热的夏天，泡泡会让它感觉清凉湿润。此外，虚张声势的泡沫也使弱小的它看起来很强大，而免遭天敌的杀戮。

沫蝉若虫又是怎么吹出这些泡泡的呢？其实，用

沫蝉若虫藏在泡泡之中

“吹”是不甚恰当的，沫蝉若虫从来不是用嘴巴去吹出这些泡泡的。沫蝉若虫的泡泡，更像是一个科技产品，有严谨的工序和配方。它从肛门分泌一种物质，又从腹部的腺体分泌一种物质，这两种物质，就是泡泡的原材料，但仅仅将它们掺和在一起，还不足以产生泡泡，这时候，长在腹部的一个特殊的瓣，就该出场了，它的作用是引入气泡，让泡泡成形。这样，一个个漂亮的泡泡就诞生啦。

羽化的沫蝉会离开泡泡，开始新生活

据说，在非洲的沫蝉若虫喜欢群居，它们聚集在树的枝叶上，集体吹泡泡，比赛吹泡泡，你吹吹吹，我吹吹吹，很快就形成一个巨大的泡泡群，泡泡破了，变成水滴。人从树下经过，忽然落到脖子上一滴凉飕飕的“雨珠”，让人以为是下雨了。

沫蝉成虫是不吹泡泡的，它们待在泡泡里是因为刚刚羽化的缘故。泡泡不仅是沫蝉若虫的清凉之所，也为它们的羽化提供了庇护。

羽化的沫蝉，它们稍作停顿，待柔弱的身体变得强壮，可以弹跳、起飞，它们会离开泡泡，去寻觅食物，去寻找爱情。

长鼻子『匹诺蝉』

看到长鼻子，人们就会情不自禁地想到匹诺曹。

匹诺曹是意大利作家卡洛·科洛迪的童话代表作《木偶奇遇记》的主人公，一百四十多年前塑造的童话人物，至今仍然活在孩子们的心中，其艺术的魅力可见一斑。

不过，我不是匹诺曹，我的名字叫长鼻蜡蝉，如果哪位好心的作家，愿意把我也写进童话中，名字我都想好了，就叫“匹诺蝉”。这个名字，一定也能像匹诺曹一样流芳百世。

其实，你们看到的长长的部分，并不是我的鼻子，它压根就不是一根鼻子，而是我的脑袋。我恐怕是为数不多的脑袋和身体几乎一样长的昆虫，可能正是因为我独特的长相，人们才叫我长鼻蜡蝉的吧。我现在还只是一只若虫，等我羽化成一只真正的长鼻蜡蝉，我的“鼻子”依然这么长，这么傲娇。

我虽然是蝉，但与别的蝉不同，我不会鸣叫。我讨厌聒噪，无论是我那些整天呱呱叫的同门兄弟，还是其他不停地制造噪声的昆虫，或者你们人类。一条虫，或一个人，话说得太多了，难免就掺杂了谎言，我虽然长着长长的“鼻子”，但绝不是因为说谎所致，我都不怎么说话，何来谎言？

我只生活在温暖湿润的南方，不过，很多南方人一辈子都没见过我，这不奇怪，我低调嘛。我不像龙眼鸡一样喜欢高调地展示自己，上了香港的邮票。二〇〇〇年，中国香港发行了一套四枚的昆虫邮票，龙眼鸡是第一枚。龙眼鸡高调了、出名了，很多人争相去拍摄，甚至有人去捕捉，这对龙眼鸡家族的生活产生了不小的影响。

我是长鼻蜡蝉，我愿意一生低调而安。

蚜虫生长在植物的叶子、嫩枝和花上，它们用针一样的刺吸式口器吸食植物的汁液

蚜虫的乐园

以植物为食的蚜虫，生活在一个美妙的世界。

也许，一亿六千万年前，随着被子植物的出现并疯长，植物的春天来了，地球的春天来了，蚜虫也出现并迎来了自己的春天。植物茂盛之地必有蚜虫相伴。

蚜虫是如此热爱植物，以至这个美丽星球上的任何一株植物，都是它们的食物，也是它们的栖息地和乐园。可以说，所有的植物统统都是蚜虫所爱。蚜虫所不知道的是，人类看来并不希望与之分享自己的植物或者说叫经济作物，因而视之为害虫，灭之而后快。千百年来，人类与蚜虫对于植物的争夺战，从来就没有停息过。

弱小的蚜虫，既有天敌的窥伺又面临人类的灭杀，虽无力反抗，但它们岂肯自甘灭绝？在亿万年的进化中，它们依靠增强自身的繁殖力，以“野火烧不尽，春风吹又生”的植物哲学来达到自身种族的生存和繁衍。

一只蚜虫，一年之内就能完成十到三十个世代的繁殖，它们堪称超强的生育机器。正是依靠这种超级强大的生育力,蚜虫才在植物的王国里，固守着自己的一席之地。

看看这几只花蕾中捉迷藏的蚜虫，这两只在植物触须里玩耍嬉戏的蚜虫，以及这只像个模特儿一样摆着造型的蚜虫，真的很羡慕将美妙的植物世界当作乐园的蚜虫。

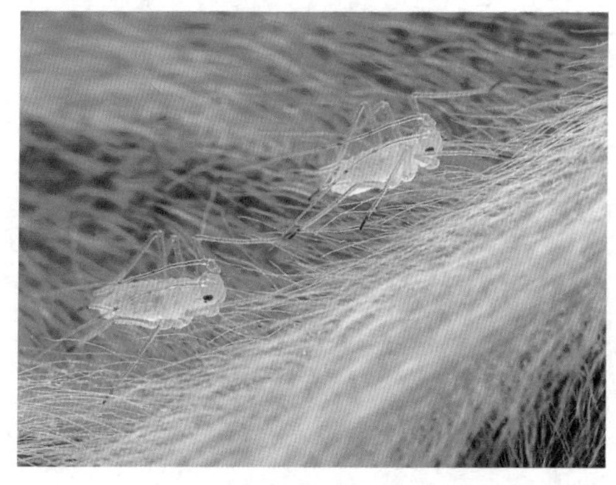

两只在植物触须里玩耍的蚜虫

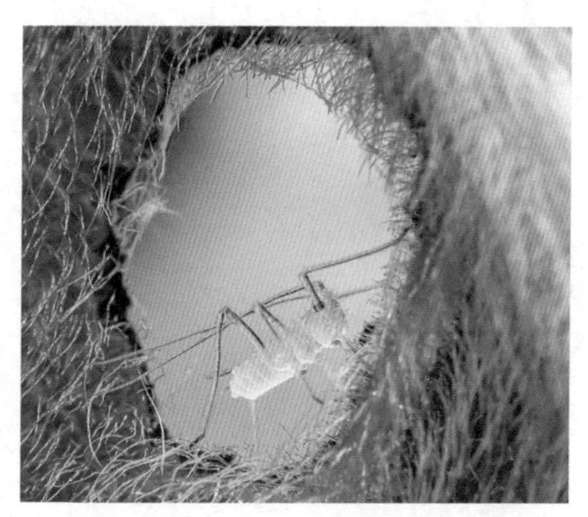

一只像模特儿一样摆着造型的蚜虫

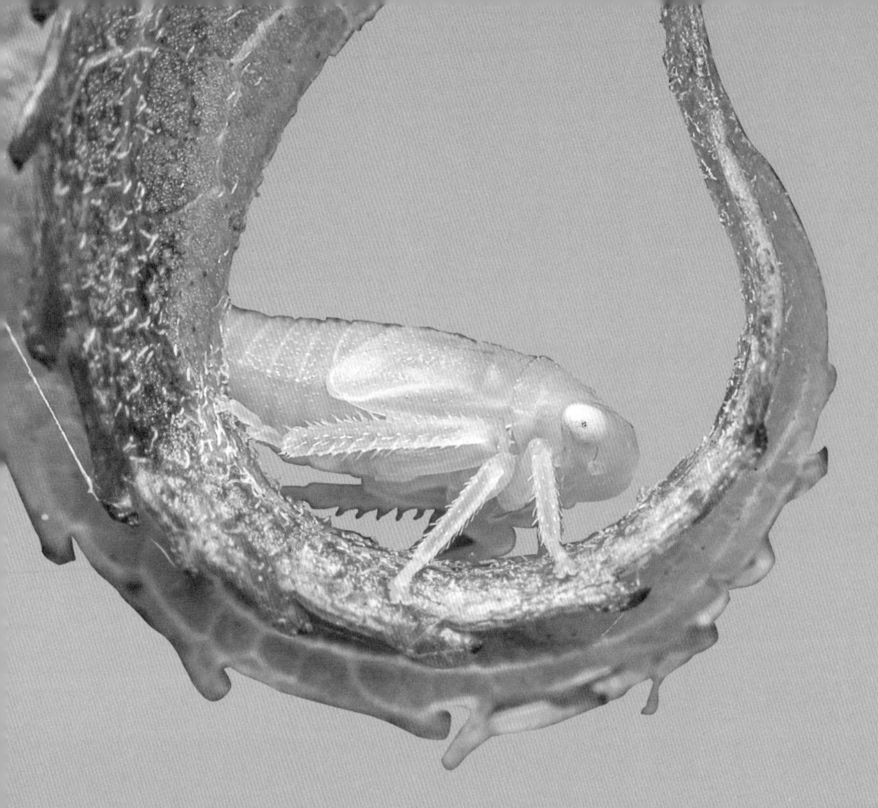

刚完成蜕皮的叶蝉

叶如月，蝉如钩

一片叶子，其梢弯卷如月，挂在茂盛的枝头。它是摇篮，它是港湾，它是家园。

一只叶蝉的若虫，就选择了在这片叶子上生活，从一枚卵开始，孵化，蜕皮，成长，一辈子都在这片叶子上，或者近旁的另一片叶子上。

叶蝉如其名，它是如此热爱叶子。树的叶子、草的叶子、花的叶子，它都热爱。叶子是它的襁褓，也是它的食物；叶子是它的床铺，也是它的秋千。丛林之中，有太多的叶子，一只叶蝉从来就不愁叶子，叶子也从来就不会拒绝一只叶蝉。叶子愿意以它的嫩汁哺育叶蝉，任它蚕食。

哪一株植物会在乎自己的一片叶子呢？它们有太多的叶子，如果叶蝉喜欢，那就拿去做你的家，以及你的食物吧。植物从来就是这么慷慨，要不然葱葱郁郁，茁壮生长，要不然腐烂成泥，回馈大地。

成群的叶蝉，则可能令一株植物不堪重负，它们的叶子因为叶蝉的蚕食而滋生病害、凋零殆尽，但植物不会为此心生怨恨，大地之上，总会有一株接一株的植物，茁壮生长。叶喂养了蝉，蝉喂养了鸟，鸟粪肥沃了土地，土地养育了植物，一茬又一茬，生生不息。

叶如月，蝉如钩，且坐在这枝头倾听自然的清唱。

这只叶蝉在如月的叶片上完成了蜕皮

毛毛虫的广场舞

一片树叶，对毛毛虫来说，就是宽大辽阔的广场。

既然来了，聚集在一起了，就不要害羞啦。哥们儿，姐们儿，毛毛虫们，让我们一起动起来，扭起来，旋起来，跳起来，展示一下我们毛毛虫的广场舞吧。

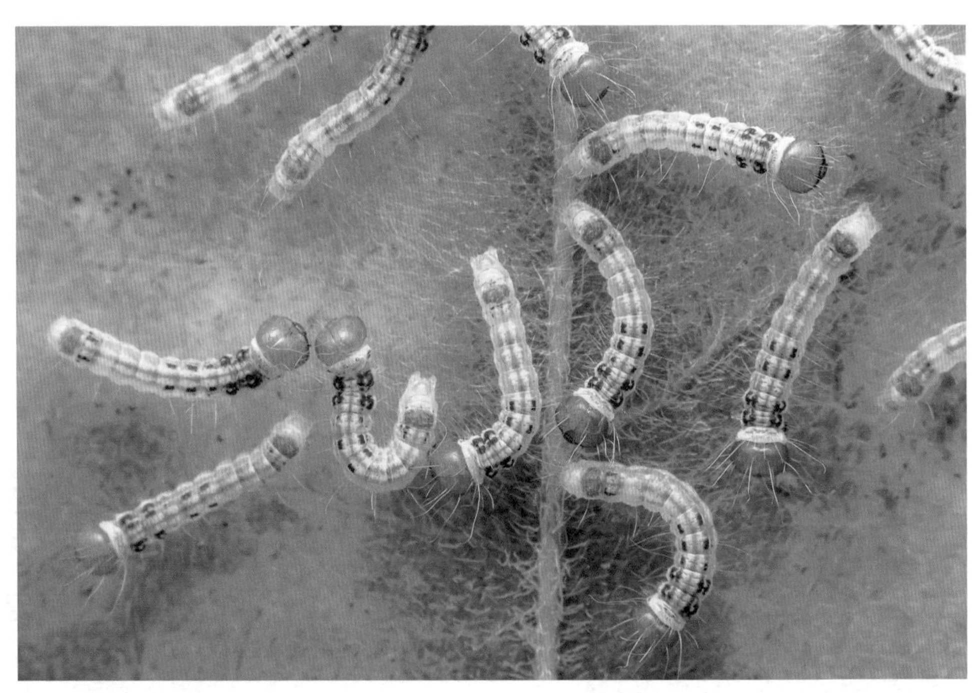

毛毛虫爬行、扭动，像是在跳广场舞

没有音乐？你听听，丛林之中，鸟的叫声，虫的鸣声，风的呼声，树叶的哗哗声，竹子的拔节声，枝头果实裂开的声音……哪一个不是天籁之音？让我们和着自然的旋律，跳起来吧，脖子扭扭，屁股扭扭，毛须扭扭……

一只叶蝉加入了毛毛虫的行列

就身材来说，谁能与我们毛毛虫匹敌？你有腰吗？你的腰有我们的细长吗？你的腰有我们的柔软吗？你的腰能扭出我们的性感吗？舞姿就更不用说了，谁堪为我们毛毛虫的对手？探头，摆尾，摇曳，顾盼，流连，我们毛毛虫的任何一个动作、任意一个舞姿，都足够你们模仿一辈子了。

毛毛虫是天生的舞者，它们直成一条线，美死你；它们扭一扭小蛮腰，羞死你；它们引体向上，昂首向天，惊死你；它们抖动一下身上密集而性感的小毛毛，艳死你。

身为一只毛毛虫，必有最拿手的大招：它来到树叶的边缘，吐一根丝，将自己倒挂在树叶上，这时候，它甚至都不用自己舞了，它让树叶舞起来，让风舞起来，让阳光舞起来，让整个丛林和世界都舞起来。那一刻，一只毛毛虫，就是空灵的舞神，悠悠荡荡在这广袤的天地之间。

可飞可弹可跳的『瓢』

它很容易被人误认为瓢虫，实际上它是一只蝉，这就是瓢蜡蝉。也许是因为太像一只“瓢”了，它才得此大名吧。

这是一只厉害的“瓢”。它可以舀一勺春色，也可以舀一勺风声，还可以舀一勺阳光，甚至可以舀一勺自己的歌声献给你听。大自然多么美妙，做一只“瓢”是幸运的，随手一舀，都是甘泉般的虫生。

不过，这显然只是一个人浪漫的臆想，是被诗化过的。真实的虫生，从来都是艰难的、危机重重的，一只虫在成为“诗和远方”之前，很可能早就成了别人的盘中餐。

为了避免这样悲剧的命运，一只瓢蜡蝉就得有点真本事。别看它这么弱小，它还真练就了一身的功夫。它有一对小小的翅膀，再小的翅膀，也是翅膀，而有了这对小小的翅膀，就可以振翅而飞，蓝天是它的，白云也是它的，这一棵树是它的，另一棵树也是它的。

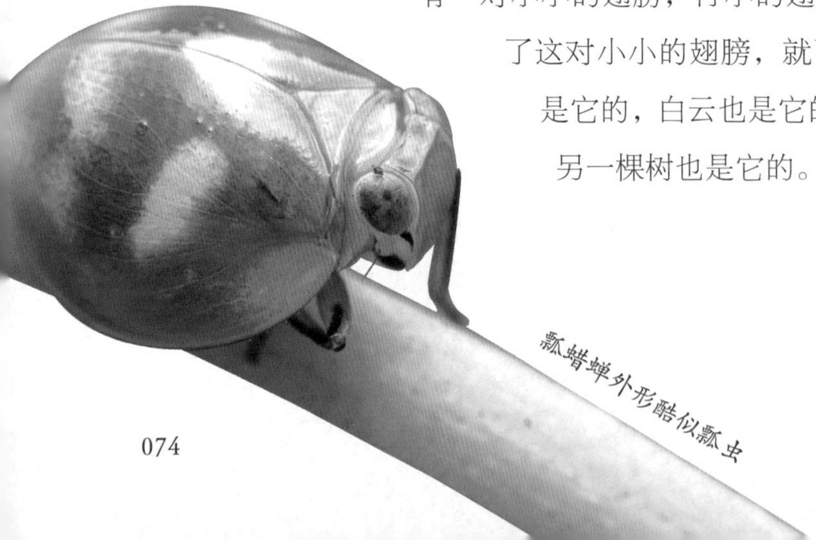

瓢蜡蝉外形酷似瓢虫

它有长长的、有力的足，可以走，可以爬，还可以弹，可以跳。瓢蜡蝉的身体很小，又圆润得像个瓢，看起来笨笨又迟缓的样子。它一旦蹦跳起来，蹦跳的高度可达身体的几十倍，像弹弓射出的小石子一样。

所以，一只瓢蜡蝉的虫生哲学很可能是这样的：遇到朋友，我舀一勺浓浓的友情给你；遇到敌人，保命要紧，我将自己像子弹一样射出去，瞬间逃之夭夭。

白带螯蛱蝶幼虫

小时候，我是“龙”

小时候，我是一条龙。

《本草纲目》里是这样描述龙的：“头似驼，角似鹿，眼似兔，耳似牛，项似蛇，腹似蜃，鳞似鲤，爪似鹰，掌似虎。”这不也正是我的形象吗？

龙又分青龙、黄龙、角龙、蟠龙、蜃龙等，我觉得我吧，就是一条青龙，一条傲娇的东方青龙。

有人说，你身体太小了，太嫩了，也太柔弱了，根本就不是一条龙，而只是一条虫。龙不也是虫吗？再说，龙不也有小时候吗？我就是小时候的龙。

但还是没人相信，我是一条龙。他们说我只是一只昆虫的幼虫。

幼虫头部有两对角状突起，与传说中的龙角有几分相似

昆虫？拜托你看清楚了，我反问你，有长成我这样的昆虫吗？有我这么威猛的昆虫吗？有我这么怪异的昆虫吗？有没有翅膀的昆虫吗？

而且，我不想再跟你白费口舌了，时间到了，我就要长大了，我马上就要去蜕变了。等我变成一条巨大的飞龙，冲天一吼，吓吓你！

然后，我就摇身一变。哎呀，忙中出错，怎么变成了一个蛹？没关系，我还会变，我接着变，瞧瞧吧，我有翅膀了，我能飞翔了，我能遨游蓝天了……咦，我怎么如此轻盈，如此秀丽，如此翩翩？

我成了一只蝴蝶，一只美丽的白带螯蛱蝶。

小时候，我是一条“龙”，长大了，我却变成了一只“虫”。可这有什么关系，蝴蝶一样可以拥有自己精彩的一生。

蝽妈妈把十二只蝽卵排成两列

微笑的LOGO

昆虫的卵都是独一无二的。昆虫在产卵的时候，都会为自己的卵设计一个 LOGO，这是它们的生殖密码。

如果不仔细分辨，你几乎看不出它们的区别，但它们是绝不雷同的。而且，没有一只虫，会像一个虚荣的人那样，高调地将所谓的名牌 LOGO 暴露在外，招摇过市，以获取别人的注意。正相反，虫卵期往往是虫的一生中最柔软也是最危险的时刻，它们更愿意选择低调，以免被他人盯上，那将有生命之虞。

但一只蝽妈妈还是愿意给自己的卵——那些等待出生的孩子们，一个独特的 LOGO。这位蝽妈妈给它的卵宝宝们设计的 LOGO 是一张笑脸。

像大多数昆虫一样，蝽的一生注定艰难，危机四伏。很多卵，未等孵化，就已成为别人的盘中餐。纵使虫生多舛，但蝽妈妈还是愿意将一只虫的乐观精神传递下去，它希望自己的卵宝宝们，从这个襁褓中蜕壳而出时，是带着微笑的，可以从容地迎接虫的艰险一生。

我好奇的是，这么多的笑脸，这么多的蝽宝宝，蝽妈妈要不要给它们每人取一个名字呢？它又是怎么区分它们的呢？是叫它们虫大、虫二、虫三，还是像我乡下的奶奶那样，给新生的小鸭子额头上都点一簇红，以区别于邻居家小鸭子额头上的一簇绿？

蝽可能不需要这么复杂。因为，每一只小蝽，都拥有一张笑脸，它们是一致的，又是独一无二的。

笑脸上的红点是即将出生的蝽若虫的复眼，黑色的“嘴巴”是破卵器

我蜕，我蜕，我蜕蜕蜕

一只荔蝽，在奋力蜕皮。

这可不是一件轻松的活儿。它先蜕掉了头上的皮，这样，至少可以自由地呼吸了。然后，直立，喘息，铆足了力气，将身上的皮一点一点地往下蜕。或许是用力过猛，它将自己给扳倒了，仰面八叉地跌倒在叶子上。

这倒也好，毛茸茸的草叶就像一张温暖的床，且让我躺一躺，看看这蓝天，还有头顶之上的果实。哇，多

么鲜嫩的果实啊，蜕好了皮，正好去饕餮一顿。不过，眼下，我还得像个孩童一样，手脚乱蹬，把这束缚我的皮囊，蜕下吧，扔掉吧。

荔蝽的一生要蜕皮五次，才能将自己蜕变成一只真正的成虫。每一次蜕皮，都如此艰难，且险象环生。据说，荔蝽在蜕皮时，如果受到惊吓或者干扰 ，蜕皮不顺利，有可能造成残疾，那它就只能一瘸一拐地讨生活，生活变得更加艰难。对一只荔蝽来说，成长就是一次次艰难的蜕皮、一次次付出惨痛的代价。

荔蝽若虫从旧皮中挣脱出来

蜕皮之后的荔蝽，鲜嫩，娇艳，像个新生的宠儿。这时候，人们往往容易被它的外表所迷惑，以为可以握它在手，把玩欣赏，殊不知它的后胸腹板暗藏着两个臭孔，在其受到惊吓或遇到危险时，便排两个臭屁，熏你个半死。

没错，荔蝽的民间大名叫臭屁虫，放两个臭屁，正是为了逃生。甭奇怪，身为一只混世的昆虫，谁还没一两个撒手锏呢？

第三辑

昆虫之美

切叶蜂的摇篮曲

晨曦中的藤蔓，在微风中，轻轻摇曳，仿若摇篮。

一只切叶蜂匍匐在藤蔓的末梢，深睡酣眠。它的口器轻轻咬住藤蔓，使它能随风而舞，却不会掉落下来。它还没有睡醒，仍在甜美的梦乡中。它随风摆动，一上一下，一左一右。此刻，微微的晨风就像母亲柔绵的手心，轻抚着梦乡中的孩子们。

当阳光晒干了它的羽翼，切叶蜂又将开始它忙碌而甜蜜的一天。它短暂的生命中，总是被花朵包围，总是

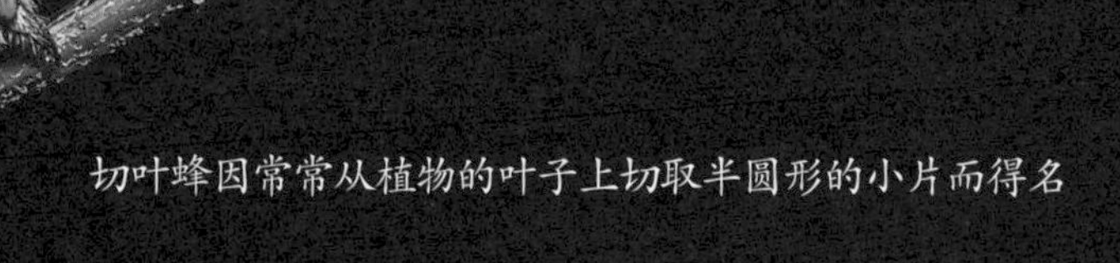

切叶蜂因常常从植物的叶子上切取半圆形的小片而得名

切叶蜂为独栖性昆虫，夜晚喜欢咬着细小枝干休息

为甜蜜奔波，它从一朵花飞往另一朵花，做花的信使和爱的传播者，却从未想过，为自己留下一点甜头。它能在一分钟内，采集二十朵花的花粉，还有谁能比它更配“采花姑娘”的美名呢？

天还没有大亮，黑色仍是万物的背景，这黑得发亮的底色啊，将一蜂一蔓的曲线世界，完美地勾勒在我们面前。晨风，请你柔一点；摁快门的手，请你轻一点；那遥远边际冉冉升起的晨光啊，也请你脚步慢一点。且让藤蔓悠悠地摇曳一回，让切叶蜂今晨的梦，再一次荡向那生命的高处。

昆虫家族的花仙子

这是什么花？那么娇嫩，那么圣洁，随风摇曳，顾盼生姿，惹人怜爱。它甚至比我们常见的花，还要美艳三分。但是，它不是花，它是草蛉的卵。

草蛉可谓昆虫家族的花仙子，有的地方人们习惯称之为“丽草蛉”，一个“丽”字,极尽人们对于这种美丽昆虫的赞美。但人们对于草蛉的偏爱，却不仅于它外表的美，还因为它是非常强劲的益虫。有文献记载，在中国台湾，一只草蛉仅在它的幼虫期，就能捕食 3780 只蚧壳虫；而在中东某些地方，一只草蛉幼虫可消灭 6457 粒蚧壳虫的卵。

草蛉卵

草蛉成虫

草蛉幼虫的食量如此之大，所以草蛉妈妈在产卵时，除了担心自己的卵被别的昆虫侵害外，还不得不考虑卵宝宝们一旦孵化出来，很可能因找不到食物而自相残杀。所以，在产卵时，草蛉妈妈会先吐出一根丝，然后将卵产在丝的顶端，这样既有效躲避了天敌，也让草蛉幼虫之间相互避开，以免先孵化出来的幼虫误将它的兄弟姐妹当成了食物。为了让幼虫一出生就有足够的食物，草蛉妈妈还会选择在其他昆虫如蚜虫卵附近产卵，当幼虫孵化，沿着丝线爬下来，马上就能找到可口的食物。

如此美丽的卵，会让我们误以为草蛉的幼虫一定也是美丽的。其实不然，草蛉的幼虫极其丑陋，不过，在它们作茧成蛹，最终羽化成草蛉时，美再一次眷顾了它。集美到极处与丑到极处于一身，这就是大自然的神奇造化。

缘蝽的空卵像金色的豆子

金色的豆子

十月，秋风已将大多数的叶子，染成了金黄色。

人们习惯于将秋天比喻为收获季，大地层林尽染，果实遍野。如果弯腰细察，你能在秋天的角落里找到一粒粒的果实。你瞧，就连这片金银花的枯叶上，也布满了金色的豆子。这些金色的豆子啊，饱满，光亮，丰润，让人心生欢喜。

一只毛毛虫路过，它扭头瞥了一眼这些金色的豆子，就向前蠕动，继续它的行程去了。朔风已起，秋意日浓，它要赶在寒潮来临之前找到一个温暖隐蔽的地方化蛹呢，哪里有闲情耽于路上的风景。

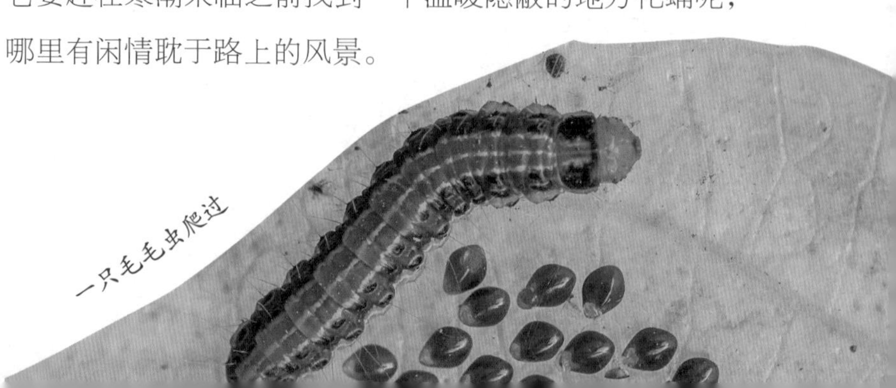
一只毛毛虫爬过

一只缘蝽若虫路过

一只缘蝽若虫也打这儿路过。与毛毛虫不同，它饶有兴致地在豆子之间巡视了一番，这可是它的兄弟姐妹呢。它发现，这些看起来饱满的豆子，其实都已经空了，也就是说，它的兄弟姐妹都安全地孵化，早已散布在这快乐的丛林之中。也许，其中的某一颗豆子，正是它曾经的摇篮。我不能确定，一只缘蝽若虫有没有记忆或故土情怀，会不会像我们人类一样，对自己的出生地特别眷念？但我相信，它们一定比我们更热爱植物，更热爱丛林。

缘蝽科大多为三代生昆虫，十月是它们一年中的最后一茬。缘蝽的卵，或呈椭圆形，或具三菱形，其状如豆。它们的一生，从卵到若虫，从若虫到成虫，都栖息于植物之上。一株植物、一片叶子、一条茎、一粒豆，就是它们的房子、它们的食物、它们的家园。缘蝽们如此热爱植物，尤其是豆科类植物，所以才将自己的卵也产成豆子的形状吗？

自然的造化，就这么神奇。

蜉蝣在空中飞舞，透明的翅膀显得轻盈灵动

我来过，我活过，我美过

朝生而暮死，在昆虫界，蜉蝣的生命是极其短暂的。

它也是最古老的有翅昆虫，其祖先起源于石炭纪，迄今已有两亿多年。蜉蝣体形细长，体壁柔软，艳丽迷人。其生命周期经历卵、稚虫、亚成虫和成虫四个阶段，短则数月，长则一年多。我们常说的蜉蝣，其实是指它的成虫阶段，这个阶段非常短暂，短则几个小时，长则两三天，最长也不过五六天。

我们见到的蜉蝣，都极其艳丽，但这美丽，却是经过无数次艰难的蜕皮而成。在蜉蝣的稚虫期，要经历十到五十次的蜕皮，才形成它最终的美丽形象。这其中的苦痛，虫从来不语。成虫之后的蜉蝣，便不再进食，它们不停地飞翔，以展现生命之美，当然，更重要的是寻找到自己的伴侣，在生命的最后一刻，完成繁衍生息的重大使命。

人们常感于蜉蝣的美丽和生命的短暂，早在两千多年前，《诗经》就有诗叹曰："蜉蝣之羽，衣裳楚楚。心之忧矣，于我归处。蜉蝣之翼，采采衣服。心之忧矣，于我归息。蜉蝣掘阅，麻衣如雪。心之忧矣，于我归说。"芳华易逝，人生苦短，短短数十言，写尽人类的忧伤、困惑、迷恋和喟叹之情。

蜉蝣自己会有什么遗憾吗？我觉得没有。我来过，我活过，我美过，这不就是对生命最精彩的演绎吗？虽然朝生暮死，却从未醉生梦死，单就对于生命的态度来说，蜉蝣是值得我们尊敬的。

蜉蝣有两条长长的尾须

曼妙的舞者

很多昆虫都具备拟态的本领，但能当得起“模仿大师”称号的，唯竹节虫。

竹节虫的模仿惟妙惟肖，这得益于它们颀长的身材，它们的躯干与植物的枝节，实在是太像了。如此曼妙的身段，如此绰约多姿的大长腿，不拿来舞蹈，岂不是太可惜了？竹节虫自然不肯浪费自己这个得天独厚的优质资源，它们在草叶间行走，举手，投足，顾盼，生姿，每一次移步，每一次回转，每一次回眸，都美艳之至，令人叫绝。

每一只竹节虫，都算得上灵魂的舞者。如果你被它的舞姿吸引了、迷醉了，你就与它的天敌一样，上了一只竹节虫的当了。竹节虫没有利器可以防身，也没有翅

竹节虫善于模仿周围的环境，保护自己

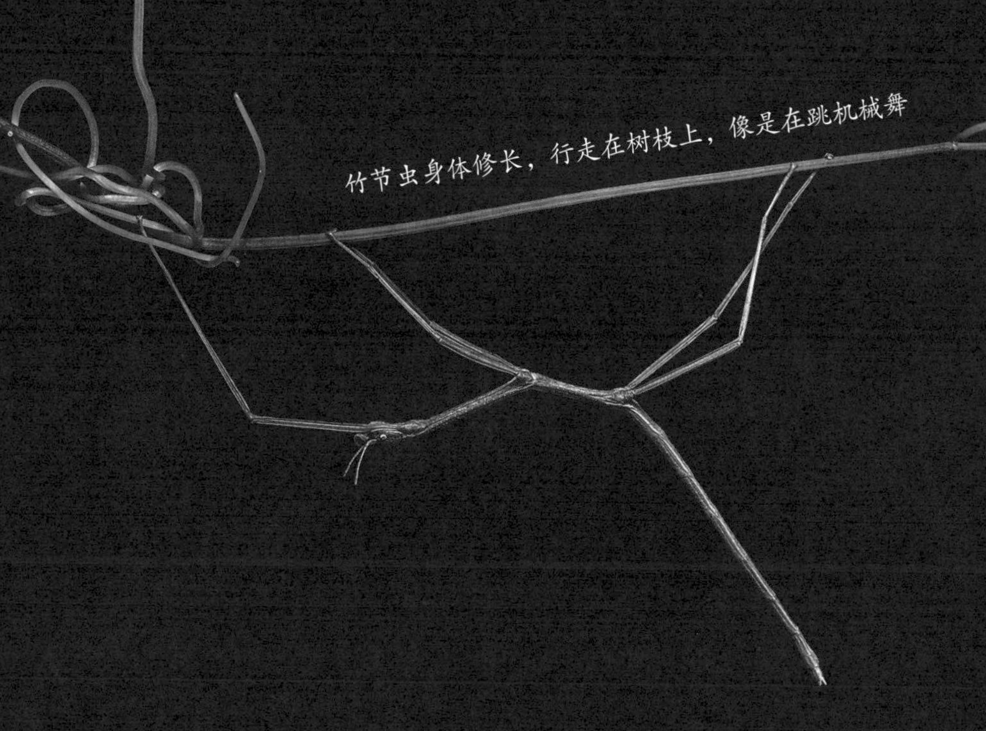
竹节虫身体修长，行走在树枝上，像是在跳机械舞

膀供其快速逃避敌人的追杀，拟态就成了它唯一的武器。但仅仅将自己伪装成静止的枝叶，还是远远不够的，尚不足以以假乱真，它还需要让自己像一片真正的枝叶一样，在微风中动起来、摇起来、悠起来。你明知道这片草木中，就藏着一只竹节虫，但是，微风过处，所有的枝叶都微微颤动，你如何能辨别藏卧其中的那只竹节虫呢？

这正是竹节虫的高明之处：静则如处子，它最有耐心，可以几个小时一动也不动；动则如草叶，随风摇曳，如果栖息的枝叶不能与其他枝叶同步共振，它就会暗中发力，让枝叶随风而动，与其他枝叶保持步调一致。

因而，竹节虫绝不会因“做秀”而舞，活下来才是它们舞蹈的全部意义。它们，才是真正的生命舞者。

叶蜂幼虫蜷缩着身体

嫩眼看世界

六月的某个黄昏，一只叶蜂幼虫的卵，挣脱卵衣，来到了这个世界。

像大多数的叶蜂幼虫一样，从它成为一只卵的那一天开始，就没有成虫会照顾它。一只叶蜂成虫的寿命，因种类的不同，几天或几十天不等，成虫们忙碌于进食、恋爱，尽情享受快乐的虫时光，而无暇顾及它们的卵。没有羽翼为它们遮风避雨，叶蜂幼虫的世界因此凶险无比，能活着孵化，能生而成虫，对它们来说，都是一件极其艰难而幸运的事情。

但这一点也不妨碍，一旦来到这个世界，它必以鲜嫩的姿态、清澈的眼神，来环视这个世界。

它看到了什么呢？它看到了嫩草、草叶上的针芒，以及一滴雨珠。这已经足够让它兴奋了。一只叶蜂幼虫所需不多，一枚草叶就是它的家，一片绿油油的草木就是它辽阔的故乡。它漆黑如豆的眼神中，因而总是单纯的、满足的、快乐的，让天下的虫们，甚至让天下的人们，羡煞。

我时常想，无论虫生还是人生，每一个个体生而在世，难免孤单无助，充满艰辛坎坷，但这并不是我们怨天尤人的理由。你以什么样的目光看待这世界，这世界就会向你呈现出不一样的色彩和状态。

我愿一直以叶蜂幼虫一样的嫩眼，打量并融入这新鲜的世界。

从小丑到精灵

草蛉的幼虫叫蚜狮。蚜狮真是太丑了。

蚜狮在草叶上爬行的样子，就像一个全身披挂着各种垃圾的流浪汉，让人望而生厌。作为一只幼虫，它还没有生出翅膀，但这似乎一点也不影响它在草叶间穿行。而且，它的力量远比它凶恶的样子更可怕，它的胃口贼大，一天能消灭上百只有害的蚜虫。一只蚜狮在整个幼虫期消灭的蚜虫，平均在七八百只以上，因之它也成为人类

蚜狮身上堆满害虫体壳

草蛉伏在草叶上

的好帮手。有趣的是，每当把害虫吃尽吸光后，蚜狮还喜欢把吸空的害虫体壳驮在背上，不停地来回行走。那样子多么像一个傲娇的胜利者，扛着自己的战利品在炫耀。

在蚜狮结蛹、羽化之后，我们才能看到它的真容——像精灵一样美丽的草蛉。有的草蛉一如它的幼虫时代，既保留了天然的好胃口，又对所有的蚜虫都“恨之入骨”，加上它多了一件飞翔的武器，使它能够更轻易地抵达蚜虫们的老巢，剿灭之而后快。而有的草蛉却换了口味，而取食花蜜、花粉和虫卵。

虫大十八变，草蛉的真身，美艳得令人叹为观止，羽翼如纱如霓，长长的触角，更是像京戏里花旦的雉鸡翎，顾盼生怜，摇曳生姿。草蛉之所以被人们亲切地比喻为昆虫界的精灵，乃因其美丽的外表，还因其强悍的除害功能。虫本无善恶，只是在我们人类的眼中，才有了好坏美丑之分吧。

毛毛虫、露珠与花朵

清晨，一只毛毛虫，踌躇前行。

它的毛毛上，挂满了露珠。空气里的水汽，在昨晚的夜色中找到了最好的载体——那些细软如丝的毛毛。这些弥散在空气里的水分，当气温下降时，它们总是会抱团凝聚在一起，形成晶莹的露珠。草叶，花瓣，虫身上的毛毛，都是它们的最爱。它们喜欢在所有美好的事物上，凝而成露。如果一个人整夜地仰卧在大地之上，眺望星空，你的眉毛上，也会留下一两滴露珠，那是夜的泪痕，那是浩瀚宇宙的信息。

毛毛虫没有诗人的情怀，这么多的露珠，让它有点不堪重负，样子像落汤鸡或落水狗。倘若它能够像一条落水狗那样，抖动身体，它就可以轻而易举地摆脱这些累赘。一只毛毛虫却没有这个力量，它只会爬行，甚至不会翻滚。

但这有什么关系？太阳会帮它的忙，它现在只待太阳升起，卸掉它身上所有的负担，像以往每一个清晨一样，轻装前行。

阳光下，总是充满希望，包括一只毛毛虫。

何况，换个角度，你就能从那些明澈的露珠里，看到它身后的花朵。这些细碎的花朵啊，如此美艳，如此甘甜，你从一滴露珠里看到它，你从一只毛毛虫的毛刺上的露珠里看到它，它就有了不一样的色彩、不一样的光芒。

你才会发现，一只毛毛虫背负着的可不仅仅是露珠，每一滴露珠里，都藏着一朵花，它载着那么多的美好往前走呢，它驮着一只毛毛虫的梦想往前走呢。

你的大眼睛，明亮又闪烁

一个孩童，蹑手蹑脚地靠近树枝上一只栖息的蜻蜓。能捉到一只蜻蜓，一个孩子，可以快乐整整一个夏天。

但是，太难了。孩童的手指轻轻地、慢慢地从蜻蜓的身后，靠近它的翅膀，眼看就要得手了、就差那么一毫米的时候，蜻蜓却突然振翅而飞，它逃走了。我用“逃”这个字，蜻蜓一定不同意，因为它是从从容容飞走的，一点也没有落荒而逃的慌张。它其实早已洞察了这一切。

孩童很气馁。他不明白，自己那么隐蔽，那么悄无声息，蜻蜓为什么总是能发现他？这是因为，蜻蜓有世界上最厉害的复眼。

蜻蜓头部的三分之二，都是眼睛。说它是一颗脑袋，不如说是一个超级无敌大眼袋。蜻蜓是地球上眼睛最“多”的昆虫。一只蜻蜓的半球面形复眼，最多由两万八千个小眼面组成，这可以确保它几乎能够三百六十度全方位地看清周围的一切——眼前飞舞的小昆虫，以及总是伺机在身后捕捉它的那个顽童。

如此大的眼睛，使蜻蜓在快速飞翔时，也能准确看清五六米之内的小虫、小螨，并捕而食之。一只蜻蜓一天差不多能捕捉上千只小虫子，靠的就是它无与伦比的眼睛。

不过，我们村里的王小二总能够轻而易举地捉住蜻蜓，他不像我们总是蹑手蹑脚，反而是手舞足蹈，手掌在蜻蜓的头部快速地挥来挥去，蜻蜓就傻傻地定住了，被他一只只活捉。我们以为他施展了什么巫术，直到长大之后，从科学课本里知道，原来蜻蜓的大眼睛是分成上下两部分的，上面负责看远方，下面负责看近前，王小二快速地在蜻蜓眼睛上方晃动，蜻蜓目不暇接，就被晃晕了。

可见眼睛太多了，也不是好事情，很容易让我们眼花缭乱，从而迷失了方向呢。

我有一滴露珠

作为一只象鼻虫，我很喜欢以花为食。我的生命很短暂，只有几个星期，这么短的虫生，我必须很好地利用起来，以不枉来虫世界走这一遭。

我是如此热爱花朵。这黄色的花蕊，就是我温暖、美丽、芳香四溢的家。亲爱的花朵啊，是你将我养育长大，是你给了我最美味的食物，还为我遮风挡雨。我喜欢躺在你的怀抱里，看日出日落，听风吹草鸣。

没有哪只虫能比我更怡然自得，与我一样热爱花朵的蜜蜂，是为了采蜜而活，辛苦一辈子；而我，只为了享受这美味佳醇，享受一只虫所应有的惬意虫生。

我的鼻子如此之长，使我很容易地刺进花蕊的深处，汲取到花朵最隐秘最有营养的部分。我知道一朵花所有的秘密，我也清楚一朵花最大的渴望，花滋养了我，我却很少主动为花授粉传情，无以为报，这让我难免羞愧。

今天清晨，我得到了一滴露珠，如此澄澈，如此晶莹，如此通透。你再也见不到比它更明净的露珠了，它是夜的眼泪，它是星辰的梦，它也是阳光之镜。现在，我将它奉献给你——我的花朵，我的情人，我的家园。它凝聚了一只象鼻虫全部的感恩之情，它仿若我的心。

我把我的唯一给了你呢，我的花朵。

每一簇刚毛都像一朵绽放的烟花

像烟花一样绽放

所有的毛毛虫，都可以算是天生的行为艺术家，它们的每一根刚毛，都具有百变的本领，让人眼花缭乱。

譬如这只毛毛虫，它的每一簇刚毛，都像一朵绽放的烟花，将草叶点亮，这让它看起来美丽而强大。它的艳丽，令它膨胀。是的，膨胀，对一只毛毛虫来说，这很重要，我们被它的美吸引，而它的天敌们，更在意的是它软绵绵、香喷喷的肉体。一只膨胀了的毛毛虫，可能会让它的天敌退避三舍。毛毛虫的这朵朵烟花，是为自己逃过的一个又一个劫难而绽放，是为自己的聪明保护了自己的生命而绽放。

没有翅膀、行动又迟缓的毛毛虫，生存就是一场持久战，直到它们羽化为成虫的那一天。

不同的毛毛虫，有不同的保护自己的策略。

凤蝶毛毛虫，有一对可以充气并散发臭味的臭角，这对臭角让它看起来像一条蛇的蛇信，从而吓跑天敌。

刺蛾毛毛虫，在遇到侵袭时，自知难逃，索性不逃，不躲，不惧，把头收缩，弓起后背，亮出尖刺，反令天敌一时手足无措，知难而退。

还有尺蠖毛毛虫，每每感到危险，迅速伸直身体，与身边的环境融为一体，让天敌傻傻分辨不出来。

而有些毛毛虫，遇到攻击，快速拉一根丝线，倒挂金丝，顺丝而下，宛若风铃摆动，让天敌无从下手。

这些毛毛虫的智慧，每日都在草木丛中轮番上演。

与周围环境融为一体的尺蠖毛毛虫

一只小蜜蜂呀，飞到花丛中呀

蜜蜂纷飞采蜜忙

蜜蜂是人类最喜爱的昆虫之一，人们喜爱它，是因为它给我们的生活带来了甜蜜。蜜蜂的工作，因而也被我们歌颂为“甜蜜的事业”。

每一个蜜蜂王国的成员有蜂王、雄蜂和工蜂。我们平时看到的大多是工蜂。一只工蜂的一生，都是在忙碌中度过的。工蜂一出生就是个“童工”。通常，它生命的头三天，负责“育蜂室”的保温孵卵，顺带着还要像个小保姆一样，将产卵房的卫生打扫干净。三到六天大的工蜂，要做的工作是调剂花粉与蜂蜜，以饲喂羽化前的大幼虫。六到十二日龄时，它的工作改为分泌蜂王浆，以饲喂小幼虫和蜂王。到了十二到十八日龄时，一只工蜂要做一件更大的事——泌蜡造脾，为蜜蜂的巢穴——

它们的家园添砖加瓦。接下来，在活到十八天之后，它将飞出家园，正式开始一只工蜂一生中最长久的工作——采蜜和采粉。此后余生，它活着的全部意义，就是采蜜和采粉。

我们看到的蜜蜂，基本上都是那些在花丛中飞来飞去的工蜂。它们每天的行踪，就是两点一线：蜂巢和鲜花盛开的地方。我们觉得蜜蜂的工作是甜蜜的，是因为我们看到了它总是在花丛中飞舞，而采集的又是那么甜蜜那么美好的东西。我们被蜜蜂如此浪漫的工作环境深深地吸引住了。我们所不知道的是，一只工蜂为了采蜜，穷其一生，差不多要来来回回飞行十几万公里，相当于绕地球三四圈。它本可以一次次周游世界，却只围着一朵花，以及一个蜂巢，而忙碌了一辈子。

“蜜蜂是在酿蜜，又是在酿造生活；不是为自己，而是在为人类酿造最甜的生活。”作家杨朔在《荔枝蜜》中对蜜蜂的吟诵，是我们人类献给蜜蜂的赞美诗。

蜜蜂伏在花间采蜜

清晨，切叶蜂腹部挂着一滴夜露

一边是叶，一边是花

切叶蜂的腹部有一簇金黄色的短毛，这簇性感的护心毛是它区别于其他蜜蜂的最大特征。

像所有的蜜蜂一样，切叶蜂是如此热爱鲜花，喜欢在花丛中纷飞，采粉，采蜜。但它与其他蜜蜂又有着不一样的特别嗜好，看到喜欢的叶子，它总是会切上一小片，带进蜂巢。不知道它是带回去做标本呢，还是要告诉它的伙伴们，哪里有更绿的叶、更艳的花、更甜的蜜？总之，一只切叶蜂不独喜欢鲜花，也喜欢那些衬托鲜花的绿叶。

就像这只切叶蜂，在晨光中醒来。它衔住一片草尖，将自己悬挂在空中，美美地睡了一晚。一只昆虫的生活就是这么简单，不需要房，也不需要床，仅仅倚枕一根草、一片叶，就可以托住一夜的美梦。

在它的腹部，凝结了一滴夜露。这是夜的眼睛，这是切叶蜂的梦，这是新的一天的呼唤。

从夜露的一侧，你能看到倒映其中的树叶，嫩绿、舒展、生机勃勃；而在夜露的另一侧，你看到的是一粒米黄的小花，盛开，娇艳，灿烂。对一只热爱鲜花又热爱绿叶的切叶蜂来说，一边是绿叶，一边是鲜花，所爱同在，夫复何求？

透过夜露可以看到开花的鬼针草

刺

刺，作为名词时，是一个冷兵器，如芒在背，如鲠在喉，如刺在肉，让人不寒而栗。

刺，作为动词时，有刀剑出鞘之气，直指要害之力，势如破竹之势。

刺，作为象声词时……唉，听到它尖锐的声音时，恐怕你已经非死即伤了。

我对刺所有的印象，就是奇痒及钻心之痛，童年的阴影，迄今挥之不去，拂之难平。

当这些刺蛾的刺，集中展现在我的面前时，我忽然反觉释然，没有了恐惧，我甚至能从这些密集的刺中，发现一种排列整齐的壮观的美。

在乡村长大的孩子，几乎没有不被刺蛾刺过的。你从一片草丛经过，或者淘气地爬上某个树杈，就可能被它缠上，赏你一刺。先是痒，起个小红包，挠之不去，接着是疼，针扎一样的疼、竹签钻进指甲缝一样的疼、睡梦中被恶狼咬了一口的疼。

刺蛾的刺，带着一种毒，使被刺之人或动物奇痒难忍。我见过农村的土狗，眼见一只从树叶上掉下来的刺蛾，以为是玩物或食物，乃用嘴试图去啃咬，不料被刺蛾刺中，满地打滚，嗷嗷直叫。可怜的家伙，你不知道带刺的东西都是不好惹的吗？这下好了，偷吃不成，反落一嘴刺，下回长点心吧。

刺蛾的刺，不但有毒，而且多色彩艳丽，放大了看，蔚为壮观。刺蛾没别的本事，仅此防身之术，而这些刺之所以如此绚烂，是要它的众多的天敌看明白，老夫有刺在手呢，别拿我洋辣子不当条虫！

刺蛾幼虫身上的刚毛里含有毒素，会导致人的皮肤出现红肿刺痛症状

我如此美丽，你岂能下“口”

似乎是一只蜂，在花苞上采蜜。蜂是真蜂，是一只缘腹细蜂；花却不是真花，而是猎蝽的卵。

猎蝽堪称天生的造型师，连产个卵，都要整得跟朵花似的。很多猎蝽的成虫，长相奇丑，但这一点儿也不妨碍它那颗爱美之心。倘若长大成虫后，我不得不披着一副臭皮囊，那何不让我在成为虫之前美一美呢？

但这样的美，显然也是有风险的，这不，你看看，艳丽的外表很快就招惹来了一只蜂。也许缘腹细蜂是冲着一朵花来的，也许它早就识破

了猎蝽的心机，知道这不是花，而是一堆卵，而这亦是它产卵的好地方。缘腹细蜂围着这朵卵花飞来飞去，试图找到一个突破口，然后把产卵器插下去。

猎蝽自然也不是吃素的，它也早料到，会有诸如缘腹细蜂之类的天敌觊觎自己的卵，所以，它会在自己的卵包上，分泌一种蜡状的物质，以保护自己的卵包，使窥伺者无从下手，亦无法下“口”。

大自然的一条法则是弱肉强食。大自然也还给了那些弱者一个生存的通道，那就是适者生存。所有的生灵都在努力适应着自然，适应它的美丽，也适应它的残酷，这需要胆识，也需要智慧。

一串“红辣椒”

秋天的农舍，可见一串一串的红辣椒，挂在屋檐下。寒风已起，农户们将这来自田野的热情，聚拢起来，晾晒，以备辣走寒气，温暖冬天。

这些红红的土蝽们，抱团在一起，挂在枝头。它们是旷野之上的一串串“红辣椒”。

土蝽喜暖，寒流一来，它们就吃不消啦。可是，能逃到哪儿去呢？小小的翅膀，哪里能跑得过寒潮的飞毛腿？既然逃不走、躲不过，那就索性安心留下来，大家伙儿抱成一团，你替我挡住北来的风，我为你遮住西侧的雨，互相温暖，互相鼓励，共同抵御寒风的侵袭吧。

还是觉得冷？那咱们合唱一首儿歌吧：“新年到，放鞭炮。小牛也来凑热闹。看见树上一挂炮，乐得小牛蹦又跳。用火点，点不着，呛得小牛吭吭叫。揉揉眼，仔细瞧，哎，原来是串红辣椒！”

不过瘾？那再来一首吧：“小老鼠，爱爬高。瞧见墙上红辣椒。眼睛眯，胡子翘。拽下来，大口嚼。辣得嘴巴吱吱叫！”

虽然咱们土蝽不是红辣椒，没有红辣椒的火辣，可是，我们有红辣椒一样的颜色、一样的热情，我们串在一起，怀揣春天的梦想，紧紧地拥抱，我们就是朔风之中，挂在枝头的一串串火红风景。

开成一朵花

一群刺蛾幼虫，聚在树叶上，密密匝匝，挤挤挨挨。

树叶好奇地问它们，你们是来密谋什么的吗？

刺蛾幼虫说，我们从不搞阴谋诡计，也不密谋什么。

树叶又问，那是因为天冷了，你们这是抱团取暖吗？

刺蛾幼虫呵呵乐了，说，我们的一根刺，就能刺破一切寒冷，还需要抱在一起取暖吗？

微风吹过，树叶颤抖了一下，它又问，那你们这是在做什么呢?

刺蛾幼虫说，难道你还没看出来吗？我们要开成一朵花。

树叶放心了，至少眼下，这些热爱艺术的刺毛虫们，不是来取食叶片的，它们正沉浸在艺术的创作之中呢。

如果有八只刺蛾幼虫，它们就开成八角形的花；如果有六只，就开六角形的花;如果有四只，就开四角形的花;如果只有一只，又有什么关系，那就一枝独秀。

从小，我就害怕这些家伙，它们身上的刺，尖锐无比，能刺穿你的皮肤，让你又红又痒，苦不堪言。即使你身居闹市，不想招惹它们，当人行道树上的刺蛾幼虫蜕皮后，它们身上的毒毛也会随风飘落，在你毫无防备时，给你一击。它落在你的脖子上，就奖给你脖子一个红包；落在你的胳膊上，就给你胳膊一个鲜红的印记。但我有个勇敢的小伙伴，他却胆敢用手去捉它们，将它们放在手心上，让刺蛾幼虫在他的手掌心，蠕动，开花。奇怪的是，刺蛾幼虫竟然没有将它的刺，深深地扎进小伙伴的手掌心。小伙伴得意地说，他和刺蛾幼虫，都是行为艺术家，他们都愿意为艺术献身。

后来我才知道，我们的掌心没有汗毛孔，刺蛾幼虫根本无法将它的刺扎进去。虽然我知道了这个事实，但我仍然相信，刺蛾幼虫在我的小伙伴掌心开花了，那是我见过的最勇敢最美丽的花朵。

瓢虫的一生

小小的瓢虫，在全球有五千多种。它的很多昵称，充满了人情味——红娘、花姑娘、胖小儿，而我们小时候叫小黑、狗头、小胖子。单听听名字，你就知道，我们是一伙儿的。没错，瓢虫是很多人童年的好伙伴，一群光腚的孩子与一窝光腚的瓢虫，天生就是好兄弟。

不过，我们所见到的瓢虫，都是成虫，我们以为它生来就是这个样子，就像我们以为奶奶天生就是一个满

瓢虫交尾

瓢虫卵

瓢虫幼虫

脸皱纹的老太婆。摄影师追踪一个多月，记录下一只瓢虫的完整一生，我们惊呆了。

与很多生物一样，瓢虫的出生，也始于一场轰轰烈烈的爱情故事，瓢虫爸爸与瓢虫妈妈，在草木丛中浪漫相遇。瓢虫妈妈随后产卵，瓢虫的卵非常微小，一毫米左右，但在微距镜头之下，它们簇拥在一起，如此惊艳、金黄、剔透，如花瓣，如金香蕉，吹弹可破。

有趣的是，卵孵化后的幼虫，却完全没有一只瓢虫的样子，它看起来更像一只蚂蚁。如果瓢虫爸爸妈妈一直厮守在侧，它们会不会惊讶于自己的孩子，怎么会长成这副模样？

别着急，作为完全变态昆虫，幼虫在历经数次的蜕皮之后，将化蛹，并在不久的将来，再一次变态，而这将是一次脱胎换骨式的蜕变，羽化后的瓢虫将完全找回与自己的父母一样的容颜，你甚至无法区别它们。基因的遗传，就是这么强大。

不出意外的话，一只瓢虫的一生，大约八十天。虽然短暂，亦不乏精彩。而我的耳畔，似又回荡着儿时熟悉的旋律："瓢虫瓢虫快快飞，赶紧往家走。你家着了火，孩子满处游。"

瓢虫蛹
瓢虫成虫

第四辑

昆虫之雅

毛毛虫的理想

雨后，一只毛毛虫，孤独无助地，吊在空中。

也许是风雨太急了，将它从草叶上刮落了下来。所幸它在滚落之前，吐出一根丝，粘在了草叶上。现在，它要凭借这根肉眼根本看不见的细丝，攀上这片草叶。那是它的食物，也是它的家。

它奋力地向上攀爬。这时候，它才发现，自己太胖啦，太重啦，使攀爬变得如此艰难。它会后悔之前吃得太多了吗？可是，如果不在幼虫期间储备足够的能量，一只毛毛虫，又怎么可能化蛹并最终羽化呢？

雨后，一只毛毛虫吊在空中

一分钟过去了，五分钟过去了，十分钟过去了……毛毛虫没有放弃，它一次次蜷起尾部，铆足了劲儿，引体向上，它的每一根毛须，都努力地寻找支撑点。是的，这时候只要有一个支撑点，一只毛毛虫也能撬动地球。可惜，空气并不能给予它任何帮助，滴落的雨水，擦身而过，也不能作为它的支点，它只能自己给自己支撑，自己为自己打气。

半个小时，也许更长一点时间，这只毛毛虫，终于攀上了草叶。雨后的叶子，沾满水珠，多么鲜嫩，多么宁静，多么美好啊。也许，享受完了这片草叶，这只毛毛虫就该作茧、羽化了，至于最终是羽化成一只蝶，还是一只蛾，有什么关系呢？蜕变，长出一对翅膀，飞向这世界，这，就是一只毛毛虫的理想吧。

毛毛虫爬上草叶

金梳龟甲全身闪烁金光

金色的虫子

它是世界上最小、最迷人的透明生物之一。

它的样子，很像一只龟，所以，它叫龟甲。它是金色的，与24K赤金一样，没有丝毫的杂质。这三只在枯叶上休憩的金梳龟甲，像不像三个足金的工艺品？因为金梳龟甲金子一样的品质，以及其独特的喜感，一度有人试图待价而沽之，以为能赚个钵满盆满。但是，人们很快发现，这种金色的、可爱的、透明的小虫，其实自家的房前屋后就多的是，并不稀奇。

小屋后的葛藤，就是金梳龟甲们最爱待的地方。小心翼翼地捉来一只，盛在小盒子里，放在案头，做作业的闲暇逗逗它，与它聊聊这一天的乐趣和困惑，的确是童年的一件趣事。大多数的金梳龟甲不惧人，也不叮咬人，具有一点亲人性，因而，你还可以摊开手掌，把玩它。对体长只有五到八毫米的金梳龟甲来说，手掌心就像一个大球场，可以打着滚儿，撒着欢儿。但它终究是一只昆虫，展翅飞翔才是它的天性，所以，最终它会爬上你的某根手指，站在指尖上，然后，振翅而飞。而在它飞走之前，它一定会排下一粒粪便，那是它留下的一粒念想吗？

没错，金梳龟甲总是喜欢来到最高的地方，再振翅飞翔，就像这只爬到了叶片边缘的金梳龟甲，它看一眼叶片之外深邃而辽阔的世界，抖抖羽翅——这世界，我来了！

一只金梳龟甲“翻车”

我是『主角』

一只果蝇，在草木中寻找果实。

寒冬将至，它们需要储备更多的营养，以熬过漫长的寒冬。大多数的果蝇，一辈子以各种果实为食。熟透了的，甚或是腐烂的果实，是它们的最爱。

因为与苍蝇长得太像了，很多人错误地将果蝇当成苍蝇，这真是天大的误会。所幸果蝇的属名 Drosophila，可以为之验明正身。希腊文的 droso 意为“露水”，phila 则是“喜欢”的意思，都有着美好的意味。可见，单听听其名字，果蝇就是一只美好的昆虫，怎么会与面目可憎的苍蝇为伍？

果蝇与苍蝇十分相似

最值得一提的，是果蝇的科研价值。果蝇不单有着晶莹剔透的身体，更因为其独特的生物学特点，而成为遗传学的“宠儿”。要知道，它可是遗传学家们最青睐的生物之一，是当仁不让的“主角”。这个“主角”虽没有获过什么殊荣，不过，研究它的遗传学家摩尔根，以及老摩的得意门生穆勒，却都因此获得了诺贝尔生理学或医学奖，这完全得益于果蝇的无私奉献。

越冬的果蝇，往往会飞进人类的居室，以逃避严寒。因为对果蝇的误解，这个不请自来的客人未必会受到人类的欢迎。我们其实真应该善待它，不仅仅因为它的无害以及对于生物学的巨大贡献，我还要告诉你一个小秘密：果蝇对危害人类健康的装饰材料所散发的有毒气体非常敏感，也就是说，它愿意飞进你的家，至少说明你的家是环保的、安全的，如果连一只果蝇都不敢入你家门，你可得小心了。

一只柑橘凤蝶老熟幼虫与一只蛾幼虫相遇，它们仿佛在对话

对话

大哥，你……你好，你是谁啊？

毛毛虫小弟，不要害怕，与你一样，我也是一只幼虫。

你这么庞大，竟然也是一只幼虫啊？大哥，我会长成你这么大吗？

这个嘛，让我想想。我看出来了，你是一只蛾的幼虫，我们算是一个大家族的，你也会慢慢长大，不过，比我还是要小一点点。

我也会长大，这太好了！我现在太弱小了，一路上好多虫都想吃了我，幸亏我身上的刺毛，吓退了它们。

是啊，要保护好自己，我们还要蝶变呢。现在就牺牲了，虫生就不完整了。

那么，大哥，你会蝶变成什么样子啊？

我嘛，是一只蝴蝶的幼虫，我自然会蝶变成一只美丽的蝴蝶。到那时候，我就会长出一对翅膀，在花丛间飞翔。想一想不久的将来，我就成了一只蝴蝶，真是太美好了。

大哥，我也会长翅膀吗？

会的，毛毛虫小弟，虽然你只能蝶变成一只蛾，但你也会有一对翅膀。

你是像魔术师一样，把自己变成蝴蝶吗？

哦，不，蝶变可不是那么简单的事。我们先得变成蛹，不吃不喝，若干天后，发生奇妙的变化，最终才能蝶变，整个过程漫长而痛苦。每一只蝴蝶，都是这样经过千难万苦才完成蝶变的，一只虫的美丽，哪能那么轻易地得到呢？

哦，大哥，我们虫生不易啊。

是啊，这个世界，哪条虫，哪个人，又是容易的呢？

大哥，那我不耽误你了，你赶紧化蛹蝶变吧。再见，威武的大虫哥哥。

再见，亲爱的毛毛虫小弟。

冬日的标本

一只角蝉，停在冬的深处。

它的样子，仿佛是要振翅而飞，又像是一个准备奋蹄疾奔的古代骑士。但是，现在它蓄积的所有力量，骤然之间，消失了，停顿了。如果细看，你会发现，它的身后，还粘着一根蛛丝，那也许是困顿它的最后一点束缚，也可能只是寒冬来了，它自知已无力挣脱，索性让自己像个斗士一样，成为一只不倒的标本。

角蝉的一生，都是在树丛中度过的。别看它的样子怪异而威猛，其实，它很脆弱。丛林中的天敌太多，步步惊心，随时可能命丧敌手。所以，大多数的角蝉，天

一只三刺角蝉标本

生都是拟态的高手，它们都有一副外星生物般的古怪皮囊，以唬住对手。如果这招不灵，那么，在遭遇危险时，它就会瞬间将自己变幻成一片枯树叶，或者一截朽木，以达到瞒天过海、保全性命的目的。

三刺角蝉小憩

角蝉还是一个完美的共享主义者。它每天会吸食大量的树汁，这可不全是为了它自己，它会将多余的树汁再从体内排泄出来，奇妙的是，这些在它的体内循环了一遍的树汁,会带着一股甜蜜的味道,被称为“蜜露”，而这正是蚂蚁们的最爱。于是，你会发现，在角蝉的身边，总是围着一群蚂蚁，这些勇敢的小斗士，就成了角蝉忠诚的卫士，谁敢动角蝉一根毫毛，得问问蚂蚁们答不答应。

眼下这只干枯的角蝉，已没有敌人，也不再需要护卫了，它看着冬的深处，那是春天复出的地方，而它的后代们，也将从那儿萌生。作为一只标本，它有足够的耐心，等待它们。

小房车

它像一截植物的根，也像一个草编的手工艺品，还像一个草叶上翻滚的果实，独独不像它自己——一只昆虫。

它是一种叶甲的幼虫。当然，我们所能看见的部分，只是它的“外衣”，或者一个套子，抑或一个移动的房子，真正的幼虫，是藏在里面的。它背负着远大于自己身躯的外壳，浪迹天涯。如果要评选昆虫界的旅游达人的话，我觉得非这种叶甲幼虫莫属，它是最时尚的旅行者，用自己强劲的足，从一片树叶，走向另一片树叶。

这种叶甲幼虫，都有自己别致的“房车”。它们的“房车”是它们的母亲制作的，然后它们进行加工。母亲在产卵之前，会先取食，保证有足够的材料为卵制作囊，这些食物经肠道产生特质的粪片，并结合肠腺内分泌的液体增加粪片的柔韧性和坚固性以及黏着度，每一个卵都会由雌虫将部分消化的叶片碎片包裹在表面，形成一个完整的卵囊。幼虫孵化后，首先将卵囊咬破，但并不丢弃原始的卵囊，而是在其基础上，随着生长的过程，不断用断枝、残叶、土粒以及自己的粪便进行修补，日积月累，层层叠加，最终成为一个会移动的“房车”。因为行程各不相同，叶甲幼虫的“房车”也绝不会雷同，因而，一只时尚的叶甲幼虫，永远不会有撞衫之忧，它们都是独一无二的。

因了这个习性，叶甲幼虫有很多奇妙的绰号：背包虫、袋虫等。人们还形象地称之为昆虫界的小裁缝、建筑师。

如此负重，它不觉得累吗？我想，累一定是累的，苦一定是苦的，但这些奇特的外形，也很好地保护了它，使它免受外敌的侵害。最重要的是，当叶甲幼虫老了，它会将囊的入口封好，或隐蔽起来化蛹成为成虫。那时候，它是不是更像一只风铃，在草木深处吟唱着快乐的昆虫之歌？

我要飞得更高

一条藤蔓，对一只昆虫来说，是道路，是玩伴，也是家园。

一只平顶梳龟甲在藤蔓上爬来爬去，它已经这样来来回回很多次。不知道它是迷路了，还是在寻找着什么。很多昆虫的一辈子，都可能只是在一片草丛、一棵树，或一处果园里度过的。它们长着翅膀，能飞到任何一个它们想去的地方，不过，大多数的昆虫，并不打算离开自己出生的地方，它们像我们人类一样，迷恋故土，对出生地有着特别的感情。

这只平顶梳龟甲也不例外，它在这个丛林的边缘，

已经生活了很久，它熟悉这里的一草、一叶、一风、一声，这让它觉着安全而惬意。在昆虫界，梳龟甲大多有很高的颜值，就像这只平顶梳龟甲，通体金黄，剔透，美艳。但没有一只梳龟甲会靠颜值吃饭，长得漂亮或帅气，对它们来说，并不重要，恰恰相反，很多昆虫因为美丽而带来杀身之祸，为了生存下去，它们宁愿长得难看一点，不引人注目一点。

它在逡巡了 N 个来回之后，终于在藤蔓的拐弯处，停了下来。藤蔓扭曲，如过山车，而它驻足的地方，是这个过山车的最高点。站在这里，可回望过去，可探视未来，可昂首向天，可俯瞰大地。

它顿了顿，展开翅膀。

它徘徊良久，原来是要找寻一个起飞点。它振翅而飞，我听到了颤动的空气，仿佛在歌吟——我要飞得更高，飞得更远！

『老扁』的秋天

一只短额负蝗若虫，爬上了一片叶子的顶端，眺望远方。

它听到了秋天的丧钟已经敲响。十一月，蝗虫们将陆续死去，即使最强壮的那一只，也难逃秋风的温柔一击。曾经热闹的蝗家族，忽然就呼啦啦散了，如秋风下的落叶。

与别的蝗虫相比，短额负蝗的脑袋更尖一些，向前凸出，故又名“锥头蝗”，孩童们则更愿意唤它“老扁”。他们不因为蝗虫对于植物的危害而厌恶之，一声“老扁”，如邻人，如熟客，如伙伴，不生分，不见外。老扁也确实不虚其名，成为孩子们的好玩伴。它自然是不愿意落入一个孩子的手中的，但是，奈何它行动迟缓，又不如别的蝗虫那般善于飞翔或跳跃，偏偏性格又好，总是一副温良恭俭让的君子模样，因而很容易被孩童逮住。乡下的孩子没有什么玩具，泥巴都可以成为上佳的玩物，何况一只活蹦乱跳的蝗虫？也有的孩子会恶作剧地掰扯掉负蝗的一条腿，以防它逃脱。那无疑是一只负蝗至为悲惨的一刻吧。

眼下，这只短额负蝗孤独地伏在草叶之尖，身后巨大的黑色，无边无际，像一只蝗的前世今生。如果它有

思想，这一刻，一只蝗的内心，必是惊惶的、惶恐的、凄惶的、仓惶的，它能找到的人类的所有的“惶”字、“惶”词，原来都如此惶悚不安，似乎预示着蝗生而为蝗，必在惶悸中，惶惑无助。

不过，等不到春天有什么关系，我且待那无忧的少年，捧我老扁在手，一起吟唱一首秋日的盛歌。

一只萤火虫幼虫在藤蔓上爬行

涅　槃

“萤火虫萤火虫慢慢飞，夏夜里夏夜里风轻吹，怕黑的孩子安心睡吧，让萤火虫给你一点光。”这首《萤火虫》，代表了我们所有人对萤火虫这种小昆虫的美好感情。

但是，萤火虫在成为萤火虫之前，却一点也不漂亮，一点也不温柔，一点也不美好。

一只萤火虫幼虫，在藤蔓上爬行。它的样子，看起来古怪而丑陋，凶狠而恐怖。它在草叶之上，嗅到了蜗牛的气息。蜗牛在爬行时，腹足会分泌一种黏液，只要它爬过的地方，就会留下痕迹。这成了一只蜗牛致命的弱点，萤火虫幼虫正是通过嗅探它的气味，准确地找到并捕食它。

萤火虫的幼虫寻踪追到了一片叶子上，草木上蜗牛的气息越加浓烈了，它知道美食近在眼前，这让它兴奋得像个黑衣大侠一样，在叶子上舞而蹈之。

它轻而易举地捕捉到了蜗牛，这是一次残忍而科学的吸食。它先爬上蜗牛的贝壳，尾足牢牢地吸附在蜗牛壳上，然后用它针状的触角，将一种特殊的麻醉液，注入到蜗牛的体内，直至蜗牛彻底失去知觉和反抗。然后，它分泌一种消化液于蜗牛肉上，待其分解成流状的肉靡后，再美美地吸食。可怜的蜗牛，最后只剩下一只空壳。

在幼虫羽化成一只真正的萤火虫后，却忽然性情大变，不再捕猎，不再吃肉，只靠幼虫时存储的能量而活。它涅槃了，成了一只童话昆虫，点亮夏夜，点亮童年。

萤火虫幼虫捕捉到了蜗牛，大快朵颐

世界的另一面

一只叶蝉若虫，在叶片上玩耍。

叶蝉的一生，都是在叶子上度过的，从一片叶子，到另一片叶子；从一株植物，到另一株植物；从一片丛林，到另一片丛林。它离不开叶子，叶子是它的食物，叶子也是它的家园。

对一只叶蝉若虫来说，叶子还是它的游乐场。身为一只虫，它没有玩伴，到处是天敌，它只能自己找点乐趣，打发一只虫的童年时光。叶蝉的成虫，善跳；需要的话，还可以短距离飞翔。若虫还不会飞翔，但它也可以灵活地跳跃。它能够轻松地跳到另一片叶子，或另一株植物。不过，大多数的若虫，是在它的营地——那片出生的叶子以及周围的叶片上度过的。熟悉的叶子，熟悉的环境，让它感到安全。

但纵使是在自己熟悉的叶子上，一只叶蝉若虫也不得不时刻保持警惕，以防天敌的偷袭。只要听到一点风吹草动，它就会倏忽逃走。可是，一只叶蝉能逃到哪儿去呢？它确实跑不了多远，它只是跑到了叶子的另一面。叶蝉是向光昆虫，它更喜欢待在朝阳的那面上，这让它温暖，看得见亮光和希望。当然，跟一阵风玩个捉迷藏的游戏时，它也愿意暂时潜伏在叶子的背面，茎脉之侧，静待风平浪静的一刻。

鹿回头

这是一只葩苔蛾，“葩”是华美的意思。葩苔蛾之美，美在它的翅膀。

葩苔蛾的翅膀，有美丽的图案。左侧的翅膀，是一只鹿的头，右边的翅膀，也是一只鹿的头。鹿的眼睛、额头、嘴巴、鹿角，还有长长的脖子，都惟妙惟肖，憨态可掬，浑然天成。你不得不佩服自然的造化。

一直以为，蛾是趋光性昆虫，所以，它才会傻乎乎地围着一盏灯飞舞，甚至钻进灯罩里，最终被烤成焦蛾，或者困顿而死。其实并不是。

蛾是利用光线作为自己的罗盘来飞行的。在亿万年的进化中，蛾学会了用眼睛里的固定部分，来接受光线，并据此航行。这在远古社会是没有问题的，那时候只有太阳、月亮和星星。自从人类学会了生火，在暗夜里用上了灯，可怜的蛾子就开始犯迷糊了。它看见了光，并根据捕捉到的光线，来确定自己的飞行路线。它不知道，这个光却不是阳光，不是月光，也不是星光，而是人类的灯光，当距离遥远时，尚没有问题，一旦离光源很近，它的眼睛就会自动地调节，以使自己保持在与光线平行的角度去飞行。一只蛾子，绕着灯光，飞过来飞过去，飞过去又飞过来，它不是来扑火的，也不是多么热爱光，它只是被灯光给彻底迷惑了。

这只翅膀上有了两只鹿回头的葩苔蛾，能不能借助鹿的大眼睛，来帮自己辨别光源和方向，找到回家的路？

橙斑白条天牛因鞘翅上有几个大小不等的近圆形橙斑而得名

天牛的“音响”

天牛之所以叫天牛，首先是因为它很牛，力大如牛的牛。在昆虫界，它们可谓大力神，尤其是这种橙斑白条天牛，身躯壮硕，齿颚强健。天牛一生以树木为生，几乎所有的树种，都是它们的天然美味。当然，它们也有身为一头牛的标配：一对犄角。

比牛还牛的是，它们还擅长飞翔，这是一只水牛或一只黄牛做梦也不敢想的事情。与大多数昆虫的薄翼不同，天牛的翅膀具有金属的质地和光泽，这令它们能飞得更高更远。

有趣的是，天牛还能发出咔嚓咔嚓或嘎吱嘎吱的声音，如斧凿，如拉锯，很像锯树伐木的声音。因了这个习性，人们又形象地唤之为“锯树郎”。估计所有的树木，听到它的声音，都免不了瑟瑟发抖，心惊肉跳吧。

天牛头上有两只大眼睛，也是它的复眼。天牛的复眼由成百上千的小眼组成，每个小眼的直径不到零点一毫米，它们完美地组合在一起，就像两个音响一样，各卧一侧，帮助天牛看清身边的世界。

这么厉害的家伙，一旦落入孩童之手，就成了最佳的玩伴。或者捏住它的两只细长的角，或者在其腿上拴根线，就可以玩诸如天牛赛跑、天牛拉车、天牛钓鱼、天牛赛叫的游戏，为童年带来无尽的快乐。

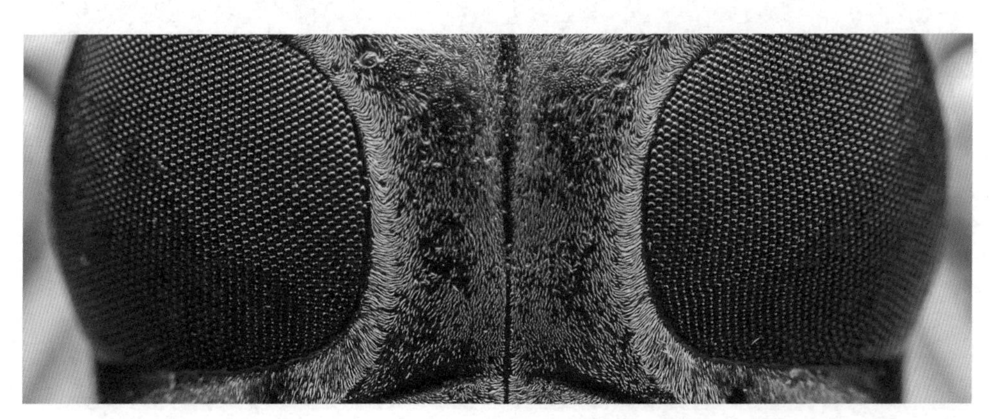

橙斑白条天牛的两只复眼犹如音响

三个臭皮匠，来了一个诸葛亮

三只土甲，头碰头，聚在一起商议着什么。

土甲是拟步甲科的一种。拟步甲又称伪步行虫，与步行虫很像，但其实不是。它是伪的，假货一枚。拟步甲多以枯燥干死腐败的植物与动物组织为食，长得灰头土脸，不惹人喜爱。

在公元前2500年的古埃及墓中，陪葬的粮食罐内，曾发现这家伙的

三只土甲聚在一起

遗骸。它是藏在粮食罐内被活埋的，还是后来挖地道钻进了古墓之中，不得而知。所能确信的是，一只拟步甲，最终死在了堆积如山的食物中。

一只蜗牛爬了过来

它不会是饿死的，可能是渴死的，也可能是窒息而死的，还有可能是活活孤独寂寞死的。在德文中，拟步甲被称为笨甲虫，一个“笨”字，尽显拟步甲的真实面目。

也许正因为笨，拟步甲才需要集体行动，比如，这三只土甲，开个会，碰个头，商议商议。中国不是有句古话嘛，三个臭皮匠，赛过一个……天哪，怎么说曹操，曹操就到了？一头庞然大物向它们爬了过来。

你是谁啊？我是蜗牛。

你叫诸葛亮吗？

睁大你的眼睛好好瞅瞅，我这个样子“亮”吗？

三只土甲赶紧散开，排成一个纵排，低眉顺眼，匍匐在地，做出臣服状。蜗牛瞄了一眼这三个与自己一样灰头土脸的家伙，摇摇头，慢条斯理地离开了。半晌，三只土甲才敢抬头，看见蜗牛慢慢远去的背影，仓皇而逃。唯这一次，三只拟步甲科的土甲跑得像真正的步行虫一样快。

比喻大师

我一直以为，文学的修辞手法无所不能，我们可以用语言形容任何东西，而且是绘声绘色、惟妙惟肖的。直到看到这些不同种类的蜡蝉若虫，我才发现，自己的语言是多么苍白。

这些幼小的虫子，不但是天生的美容师，也是绝顶的文学大师，而它们最擅长的修辞手法，一定是比喻。

它说，我像棉花。它就在自己的屁股上，开出了一团又白又柔的棉花了。

它说，我像孔雀开屏。它翘起尾巴，轻轻一抖，那些棉絮状的物质就展开来，如丝，如线，如屏。

它说，我像一对触角。简直像变魔术一样，那些絮状的、丝状的、线状的、面状的、团状的、条状的，就聚拢在一起，像是被谁搓过一样，成了细细的、长长的、玲珑的、风姿绰约的一对触角。

它说，我像一束白光。它就变成了一束白色的光芒，直指天穹。

它说，我像一支毛笔。给它一瓶墨汁，它就能书写最狂野的文字。

它说，我像一条鱿鱼。这个跨度可真大，从陆地生物变成了海洋生物。这难不倒它，它让自己的尾巴分割成无数的小尾巴，摇曳生姿。

蜡蝉被人们誉为屁股会开花的虫子，但是，它显然不止于会开花，在它羽化成为一只真正的蜡蝉之前，它还可以有更多的变化，可以让它的尾巴变出更多的模样来，也可以造出更多的比喻句，让人类的语言和修辞相形见绌。

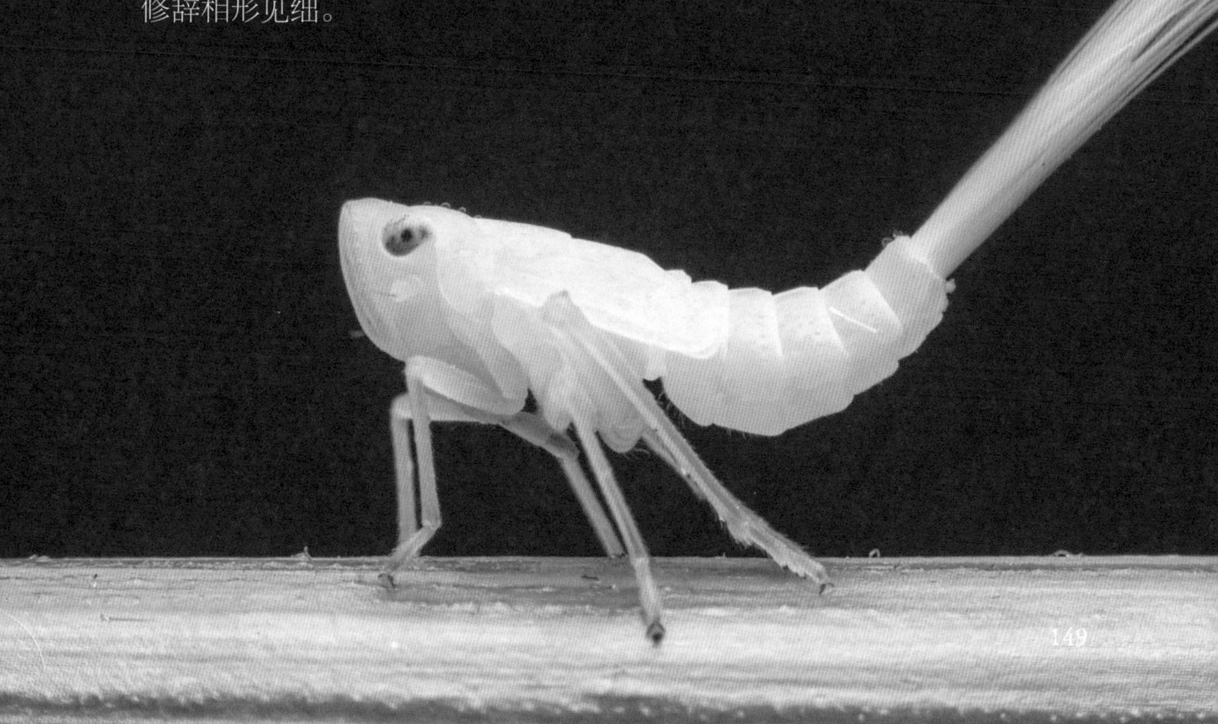

这只蝉已经完成蜕壳

金蝉脱壳

一只蝉，完成了一次精美的蜕壳。

蝉的若虫期往往很长，短则三五年，长则七八年，最长的记录是十七年。只有蜕壳羽化后，它们才会成为一只真正的蝉。蜕壳是每一只蝉这一生都必须经历的一个痛苦过程。

蝉蜕壳时，头先出来，然后是身体。注意看，你会发现，蝉的足，都像戴了一个钩子一样，这有助于它们在羽化之后，便能牢牢地攀附在树枝或草叶上。刚羽化的蝉，并不急于飞走，它们的翅膀还需要一个慢慢变硬的过程。

沫蝉在泡沫中完成蜕壳

一只蝉，蜕壳大约需要一个小时。能不能安静且安全地蜕壳，对它很重要。如果这时候，它受到骚扰或惊吓，它就会变成一只残疾蝉，可能无法飞翔，如果是一只雄蝉，甚至不能通过鼓膜振动发声。身为一只雄蝉，这恐怕是天底下最悲催的一件事情了。

人们从蝉的蜕壳，而生出一计——金蝉脱壳，历史上，毕再遇、孙坚、祖茂等人，都是使用金蝉脱壳计的高手，一个个成功地摆脱了劲敌的追剿。我猜想他们在成功地使用了金蝉脱壳计之后，其得意之形、踌躇满志之状，一定与这只成功摆脱束缚的蝉一样，跃然纸上。而此计一旦失败，结局就会与一只没能正常蜕壳的蝉一样，非死即残。

到了九月份，气温下降，蝉的蜕壳速度减缓。很多蝉，因为再也不能成功地从自己的旧壳中挣脱出来，而被困死在自己的躯壳中，无法飞翔。

围成一圈，我们来……

一片叶子上，十七只寄生蜂蛹，围成一个圈。这样，蛹就不会孤独和害怕。它们睁开眼睛，一眼就看到了对面的，还有左右的兄弟姐妹，这令它们觉得安全而温暖。

既然大家都已经围坐好了，那我们来开个圆桌会议吧，来聊一聊一只蜂的梦想。别看我们现在一个个憨头瘪脑，但我们可是蜂的后代，我们都有强大的蜂基因，终将羽化成蜂，飞翔在鲜花丛中。

谈到梦想，畅想未来，让蛹一个个激动不已，好几只蛹激动得头顶冒出了甜蜜的小“泡泡”。

会议终归是无趣的，哪怕是谈理想，聊虫生。

有只蛹提议，我们也像人的孩子那样，围成一圈，玩丢手绢的游戏吧。

这真是个不错的主意。可是，咱们也没有手绢啊。

这有何难？如果你能扭头看一眼，你就会发现，其实我们每个蛹的背后，都有一坨……

哈哈，你就当它是手绢吧。

让我们准备好。你在干什么？爬到圆圈中间的那位，赶紧回到你自己原来的位置。我们的游戏即将开始啦，让我们边唱边玩——“丢，丢，丢手绢，轻轻地放在小朋友的后面，大家不要告诉他，快点快点捉住他。”

一只通体透亮的扁叶蝉

叶上之『叶』

如果不是在微距之下，你根本无法发现，这片叶子上，竟然还有另一片叶子的存在。它是叶上之叶。

它太像一片叶子了。它的色泽，它的形状，它的脉络，甚至连身上的虫斑，都和叶子一模一样，简直就是一片浓缩版的叶子。

它当然不是叶子，但它有一个与叶子有关的名字——扁叶蝉。不过，眼下，它还只是一只若虫，假以时日，它将去除自己身上的伪装，让叶子消失，还蝉的本来面目。

它是附着在叶子上的，我很好奇，风不能吹掉它吗？不能，风能吹落一片枯黄的叶子，却对一只绿色的生机盎然的叶子，无可奈何。当一只扁叶蝉若虫选择了某片叶子，匍匐其上，它就有能力让自己牢牢地成为叶子的一部分，只要叶子在，它就在，什么风也奈何不了它。那么，雨不能淋湿它吗？这真是一个愚蠢的问题，你以为扁叶蝉若虫会像叶子一样傻吗？当第一滴雨水啪嗒一声打在叶面上，扁叶蝉若虫早就灵巧地转移到叶子的背面去了，叶子摇身成为它的大伞，心甘情愿地为之遮风挡雨。

扁叶蝉对叶子的了解和热爱，显然超乎我们对它的认知。它的一辈子，以叶为家，也以叶为食；它毁了一片叶子，又毁了一片叶子，却也将自己活成了一片叶子，最终随风飘零。但叶子是无穷尽的，扁叶蝉也是无穷尽的，丛林不会因为几片叶子而凋零。风吹拂过丛林，活着的叶子在呜呜鸣唱，活着的扁叶蝉似乎也在叽叽鸣唱，这是自然的旋律，持久而悠扬。

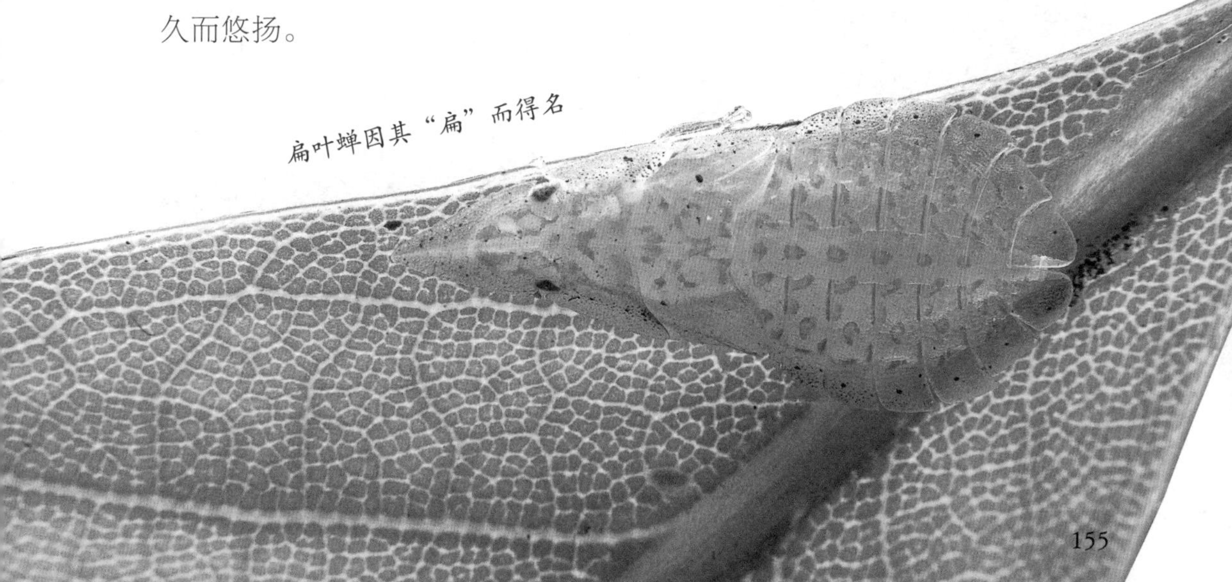
扁叶蝉因其“扁”而得名

鳃金龟的家

一只鳃金龟在树枝上不急不慢地行走，它在给自己寻找另一个家。

对它来说，这不是什么难事，它的家，不需要豪宅，也不需要多大地方，只要一片叶子，是的，一片叶子就可以。伟大的亚历山大大帝说过："伟大如我者，死后也是两手空空。"鳃金龟比亚历山大更早明白这个道理，所以，它从来不会去炒房，也不在乎自己住的是不是别墅美宅，更不会为了住上豪宅而巧取豪夺。它只要一个窝，一个能吃能睡的地方。

它很快就找到了，它看中了一片叶子，又宽大，又嫩绿，这就足够了。它将叶子一卷，得嘞，这就有家了。这是真正绿色的、生态的、环保的、美丽的家。躺在里面，太阳晒不着，风雨淋不着。夜晚，探出脑袋，还能看到头顶的星空；早晨醒来，还能来一滴清凉的夜露润润喉。虫生若此，夫复何求？

饿了怎么办？这真是一个愚蠢的问题，躺在营养丰富的食物之上，还需要四处寻找食物吗？嫩叶是它的美食，嫩枝是它最爱啃的，如果枝上还挂着一两颗嫩果，那就更是它最好的下酒菜了。困了，倒头就睡，叶子是它的温床；饿了，爬起来就吃，叶子是它最好的口粮；吃饱了，睡足了，再展翅飞一圈，在丛林间免费旅游一趟，这样舒适惬意的慢生活，还有什么不满足、好抱怨的？与鳃金龟一样，对很多昆虫来说，这就是简单而快乐的虫生。

玉斑凤蝶的卵

蝶变

摄影师坚守两个多月，完整记录了一只玉斑凤蝶的蝶变过程，这是一次完美的蜕变。

当它还是一枚卵的时候，它渺小得就像一粒尘埃。玉斑凤蝶的卵，一般直径只有一毫米大小，呈淡黄色，在它的尾期，颜色渐渐变白，有了珍珠般的光泽。这表明，它即将孵化，一只毛毛虫就要来到这个世界。

玉斑凤蝶的幼虫期，有五龄。一至四龄，都呈难看的鸟粪状，带刺毛，但在二龄之后，其身上的刺毛开始逐渐消失，结成凹凸有致的“疣”。当刺毛全部消失，玉斑凤蝶实现了虫生第一次完美的转身，它长成了一只憨态可掬的大虫，全身像披了一层锦缎绫罗，雍容华贵，步态有仪。作为一只幼虫，它其实已进入老年期，此时它所有的努力，都是让自己丰满起来，以储备更多的能量，因为，它即将化蛹，为蝶变做最后的准备。

玉斑凤蝶三龄幼虫

玉斑凤蝶蛹

这只玉斑凤蝶的蛹，多么像一只绿色的宝塔。这宝塔中，蕴藏着一只毛毛虫的梦想。它最终成功蝶变了，羽化成了一只美丽的玉斑凤蝶，在花丛间飞翔，觅食。

摄影师记录了一只蝴蝶由卵而虫、由虫而蛹、由蛹而蝶的蜕变过程，我们有幸见证了一次完美的蝶变，但这并不是全部，因为，我们忽略了一只虫的苦难，一只虫一辈子所时时面临的风险。要知道，并不是每一枚卵都能孵化，也不是每一只幼虫都能安全长大，太多的蛹因未能蝶变而死去。这也就是之所以我们会拿“蝶变”这个词，来形容和赞美所有向死而生的蜕变和新生吧。

玉斑凤蝶

第五辑

昆虫之韵

卷叶象的迷宫

它似乎是迷路了。一只卷叶象，本不该在它熟悉的树叶上迷路的。它的一生差不多都是在树叶上度过的，从一片叶子到另一片叶子，它怎么会在家门口迷路了呢？

潜叶蝇幼虫在树叶上“作画”，留下了这一条条迷宫一样的小径，使原本青翠、单纯、好看的树叶，骤然混乱了。一只卷叶象，天生对树叶的纹理了如指掌，它能从纵横交错的脉络间辨别方向，也能循着纹路轻而易举地找到回家的路，甚至可以据此判断出季节的变化，它却被一只乱搞行为艺术的虫子，给弄糊涂了。

当然，一只童心未泯的卷叶象，也有可能将之视为跑道，与假想的对手进行一次短道赛跑。

它是得加快速度了。寒冬将至，卷叶象必须尽快找个地方蛰伏起来，以待来年春暖花开时，继续它的虫生。它可以用自己最拿手的好戏，将一片树叶卷起来，为自己造一个纯天然的树叶家，也可以钻到地下热乎乎的泥土里，熬过严冬。

卷叶象的脖子很细，这使它又圆又长的头有了象鼻子的味道，它才因而获得了“象”的美名吧。至于为什么叫卷叶象，原因就更简单了，因为卷叶是它的习性，成虫切叶卷筒，在筒中产卵，孵育下一代。

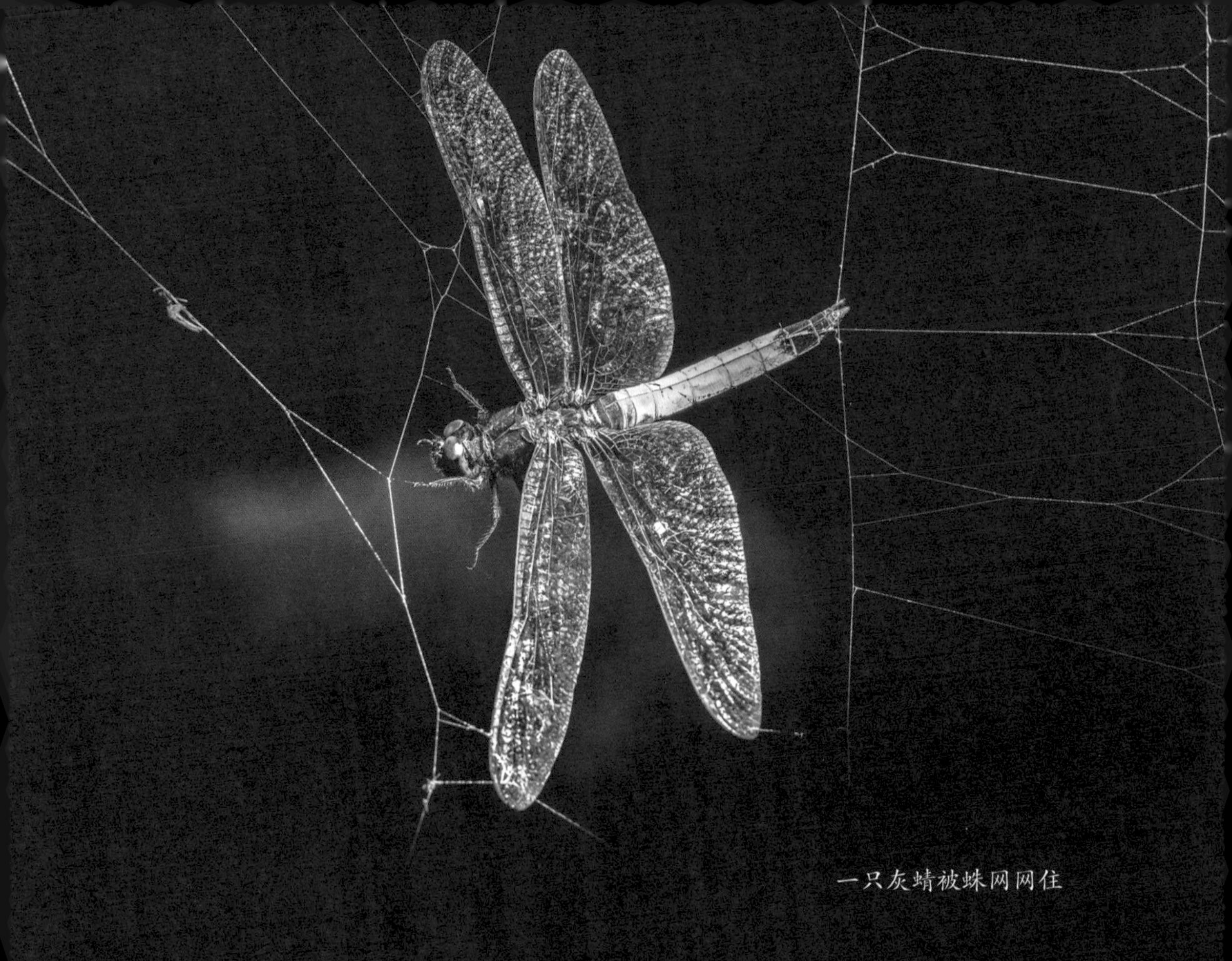

一只灰蜻被蛛网网住

网

三十年前，我读过最短的一首诗，名字叫《生活》，全诗只有一个字："网。"

看到这幅图片时，我震惊了。一只蓝色的灰蜻，一片蛛网，一个静谧的角落，一幅残酷世界的真实写照。时间仿佛停滞了。看不见阳光，听不见风声，只有寂静的死神，瞪着这一切。

在昆虫界，蜻蜓算得上飞翔的天使，它的身材如此完美，羽翼如此轻薄无瑕，天空就是它最宽阔的舞台。蜻蜓的翅翼，可谓精致的飞行器，它有两个特殊的结构——翅结和翅痣，这使得它在飞舞时，能够更灵活、更自如，不管是拍翅前行，还是高难度的转弯飞行，它都可以自由地平衡水平力、垂直力和扭矩、弯曲，几近完美的境界。因了这个特性，人类受到启发，将之应用于各种飞行器的研究，蜻蜓可谓仿生学的最佳教材。

童年时，在乡下的田野和房前屋后，到处都能看到漫天飞舞的蜻蜓，它们俯冲，穿越，滑翔，悠然自在，无忧无虑。田野是它们的，池塘也是它们的，天空是它们的，快乐也是它们的。它让我们的童年变得纯净，无瑕，梦幻。

这样一个无争、无害、美丽的昆虫，却难逃生活之网。虫生如人生，并不总是童话，闲适与艰难并存，幸福与危险同在，这是一次蜻蜓之殇，也是一次人生的启迪。

一只豆娘被蛛网紧紧网住

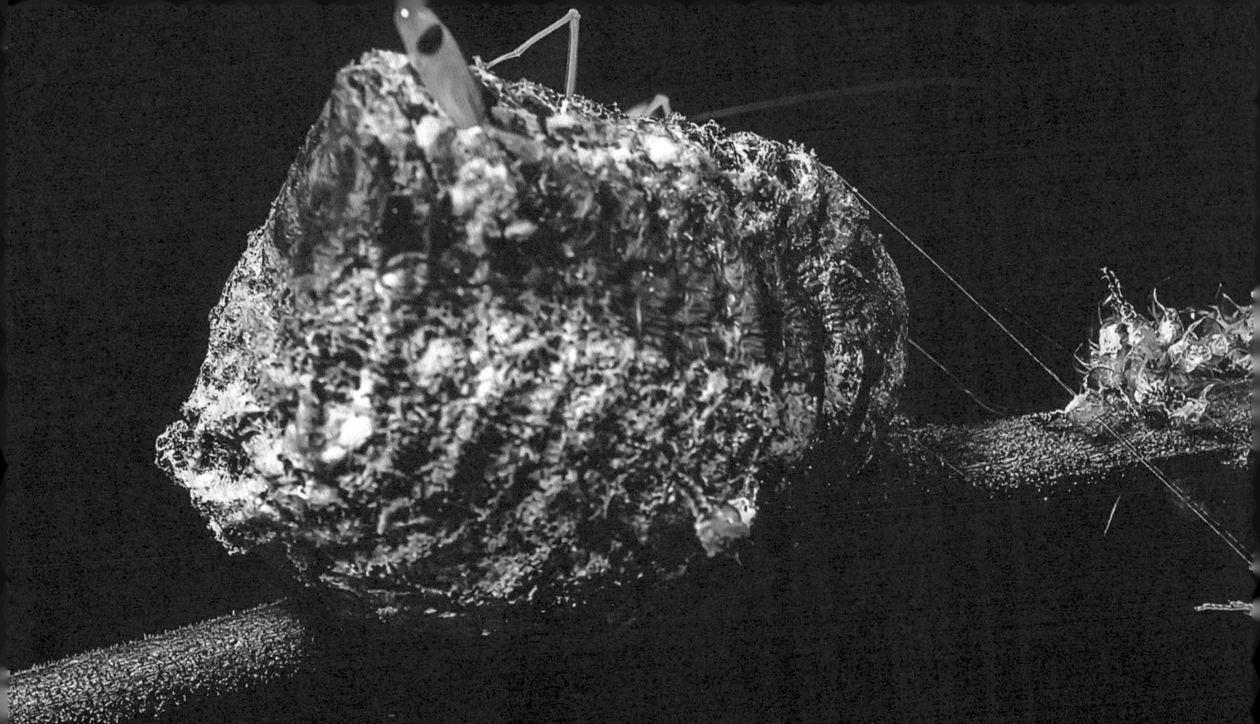

生之旋律

树枝上，挂着一只螵蛸，它是螳螂的卵块、小螳螂的摇篮，亦是风的信使。

螵蛸的样子，像乱草的结晶，或者一个干瘪的果子，人们之所以偏爱它，是因为它可以入药。不同的螳螂卵蛸，名号也不同，大刀螂的叫团螵蛸，小刀螂的叫长螵蛸，而巨斧螳螂的叫黑螵蛸。在所有的螵蛸中，唯长在桑树上的螵蛸，才叫桑螵蛸，是上乘之药、最为珍贵，而这意味着，这个螵蛸里的小螳螂们，很可能就没有孵化成虫的机会了。螳螂妈妈们如果知道这一点，绝不会将它的螵蛸再安置在任何一棵桑树上了吧。

这个螳螂妈妈是聪明的，它没有选择在桑树之上，因而它的螵蛸是安全的，卵宝宝们得以健康成长。一只满身金色的小螳螂，从螵蛸中钻出了它的小脑袋，好奇地打量这个世界。注意它颚下的那根丝线，那是生命之丝，确保它不会一出生就从高枝上坠落，在千万年的进化中，螳螂妈妈们早就预知了潜在的危险。

一只小螳螂孵化而出，又一只小螳螂接踵而至，这是螳螂的孵化季，这是小生命的集体炫舞，它们以辽阔的蓝天为背景，以茂密的丛林为舞台，合奏一曲新生之歌。它们从螵蛸出来，在很短的时间内完成第一次蜕皮，成为一龄若虫。不久之后，它们将四散在树枝间、草丛中，或行走在大地之上，开启它们艰辛而不屈的虫生。

搏杀

看似平静的草叶之中，也是杀机四伏。

一只蟹蛛与一只个头大得多的螽斯相遇，结局会怎样？螽斯似乎占了上风，以庞大之躯，压住了蟹蛛。

你看到的，却是假象。换一个角度，你会发现，情形正好相反，高大的螽斯，其实是被蟹蛛死死地咬住，欲罢而不能。它的一条腿被蟹蛛尖利的牙齿咬住了，无法挣脱。螽斯遇到这种情况，有时候会舍腿取生，但是，蟹蛛显然早料到了这一招，用前足锁住了螽斯的身体，使之不能逃脱。

饱餐后的蟹蛛犹如胜利者

蟹蛛能够像螃蟹一样横着走路，这个看起来不大的虫子，有资本这样傲视群虫，它总能以小博大，猎食到那些比自己大得多的昆虫。蝴蝶、豆娘、蚊子，甚至蜜蜂和螽斯，统统不是它的对手，它们都是它的盘中餐。

大多数的蜘蛛，以结网捕食。蟹蛛不一样。蟹蛛从不结网，它不需要借助外力，而是静静地潜伏，等待昆虫们送上门来。有趣的是，蟹蛛很喜欢将第一对步足张开，样子就像一双张开的手、一个温暖的怀抱。可惜，它不是友情之拥，不是热情之抱，而是死神之吻。

饱餐后的蟹蛛悠闲地整理自己的唇齿，像所有的胜利者一样，表情坚毅、淡定而傲娇。不知道下一个倒霉的路过者，会是谁？

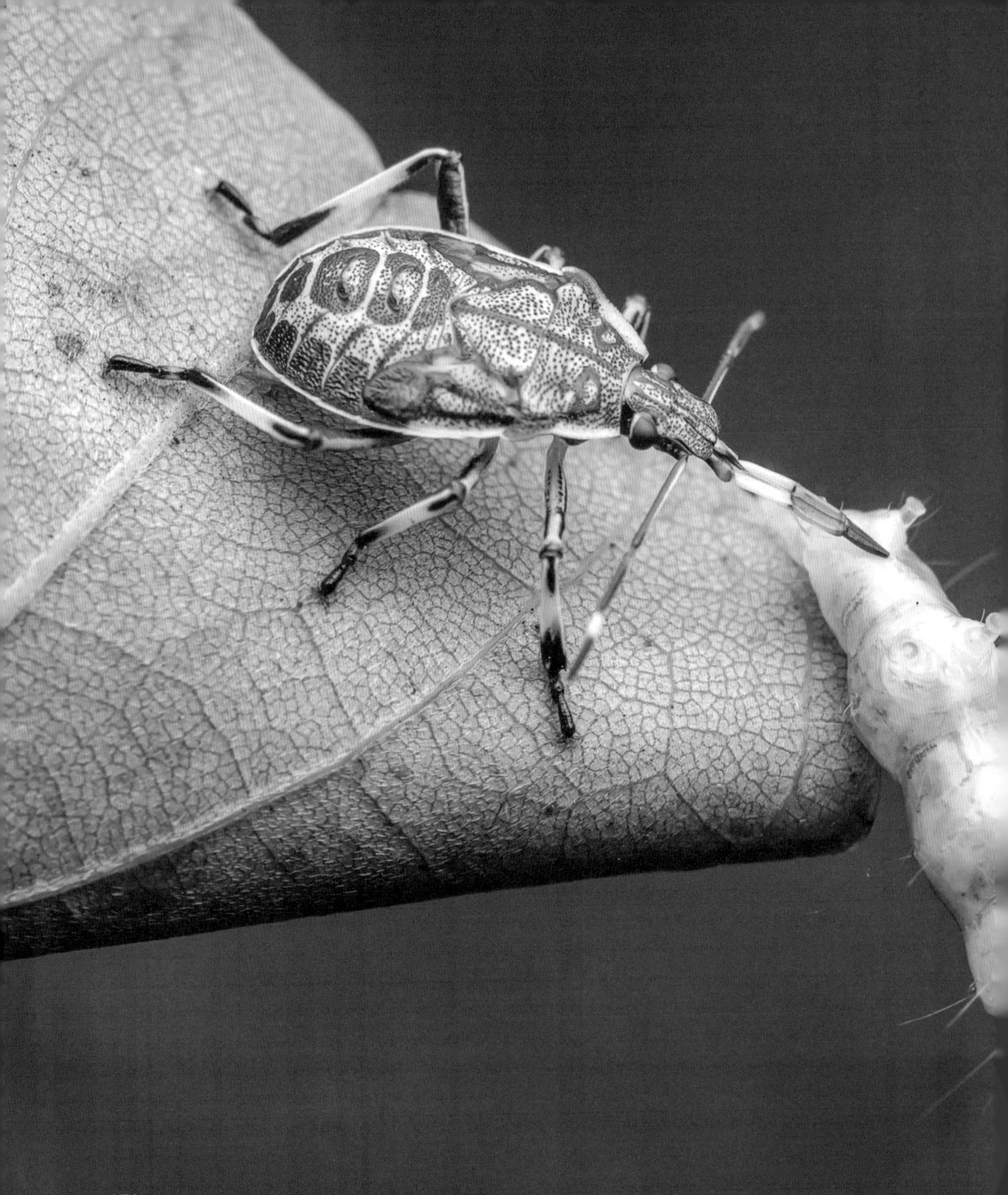

捕食者益蝽

蝽，又名椿象。我们更熟悉它的另一个名字：臭屁虫。大多数的蝽，如它们的名字一样，臭名昭著。它们的危害尚不在其臭，而是因为它们对于植物的危害，它们常常像个贪婪的吸血鬼，将植物的汁液吸干，而致成片成片的枝叶枯死。

益蝽是蝽家族的另类，它也靠吸食为生，但它不是一个素食主义者，对植物的汁液并不感兴趣，而是专门捕食鳞翅目昆虫的幼虫——毛毛虫。毛毛虫的体液，让它如痴如醉。在茂密的枝叶间，益蝽认真寻找。找到一只毛毛虫后，它会找准时机，把它的刺吸式口器刺进毛毛虫的身体，吸食毛毛虫的体液。因了这个特殊的习性，人类用"益"字给它戴了个美丽光环，益蝽对于这个名字受之无愧。

益蝽将它又长又尖的口器，深深地扎进毛毛虫的体内，如利剑封喉，食而吸之。受到攻击的毛毛虫，扭动着身躯，试图摆脱益蝽。肥嘟嘟的毛毛虫扭曲起来如虹如练，如舞如蹈，真是性感美艳极了。益蝽似乎很享受这种扭缠，它会将猎物拖出来，使其倒挂如钩，悬挂在植物上，自己则俯卧在高处，慢慢地从头开始吸食，如囊中取物，又如盘龙吸水，优雅而从容。

蜜蜂家族的熊孩子

熊蜂和蜜蜂同属膜翅目蜜蜂总科，但与普通蜜蜂不同的是，熊蜂体格健壮，属于中大型蜜蜂，体毛浓密，呈黑色、黄色或白色以及火红色等各色相间，被毛长而整齐。熊蜂厚厚的被毛，使它可以更好地抵御寒风，不畏寒冷。

当其他蜜蜂在朔风中簌簌发抖的时候，熊蜂依然可以精神抖擞地在花丛中飞行、采蜜，它因而可以看到这个世界更多的花朵，特别是那些只在冬天盛开的花朵，仿佛是它的专属。

即使不是冬天，当遇到阴冷寒湿的天气时，其他蜜蜂也会躲在蜂巢里，不再外出采蜜。熊蜂不一样，没有什么能够阻挡它对鲜花的热爱，它就像个熊孩子，越是坏天气，越是它们撒野的快乐时刻。而且，熊蜂又特别强壮，一口气能飞出五公里远，这让它们能够采集更远地方的花蜜。

有意思的是，熊蜂的繁殖方式与其他蜜蜂差异非常大。在温带地区，到了一年中最寒冷的时刻，熊蜂的蜂王单只休眠越冬。等到来年春暖花开，蜂王苏醒过来，身边早春的碎花也羞答答地开了，蜂王会自采自食，给自己补充能量，先将自己养肥。

然后，找一个地方，比如一捆稻草，或者一个草垛，或者一个被遗弃的鸟窝，这就是它的巢了。它开始产卵，繁殖，生下第一批后代，这批最早出生的小熊蜂们，很快就会参与到蜂巢——家的建设中来。

待第二批蜂娃羽化，工蜂越来越多，蜂王就不再亲自外出采蜜了，它会像所有其他的蜂王一样，专事产卵繁衍后代。

如果你在冬天，看到了一只蜜蜂，不要惊讶，那多半是蜜蜂大家族里的熊孩子——熊蜂，在采集冬天的蜜呢。

一只马蜂

胡蜂有很多别名：黄蜂、地王蜂、地龙蜂、红头蜂、大土蜂、黑腰蜂、中华大虎头蜂。而它最响当当的名字，叫马蜂。几乎每一个乡下的孩子，都捅过马蜂窝，自然，也难免挨马蜂蜇过，留下一个独特印记。

马蜂在成为马蜂前，也有一个与我们一样有趣的童年。即使一个凶狠的马蜂，小的时候，也是萌萌的、憨憨的、甜甜的、可爱的，让人心生怜意。

马蜂的卵小而白，白而嫩，嫩而有形。它是一枚卵，也是一粒种子；它是一粒种子，也是一粒希望。

马蜂的巢，是马蜂虫卵的窝，是马蜂宝宝的襁褓，也是它的原生家庭。顽童们捅的马蜂窝，往往并不是这个窝。马蜂长大成虫后，会迁徙到更暖和、干燥、避风的地方，以备寒流南下时，抱团越冬。它们会选择人的屋檐下、墙的裂缝、树的洞隙或者蜜蜂的老巢，作为自己的窝。

我小时候，农村住的大多是土墙的房子，冬天，常见马蜂一只接一只，钻进土墙的缝隙里。我们以为它们是企图从缝隙钻进我们的家、侵犯我们，所以，总是会用一根小树枝往墙缝里掏，一直鼓捣，直到它们不胜其烦，无奈而狼狈地从墙缝里逃出来。

马蜂的蛹，吐丝结茧，将自己一层一层地缠绕密封起来，这期间它们将不吃不喝。

现在，它终于羽化为成虫了，大大的复眼，长长的触角，尖利的螫针，强壮、勇猛而帅气。它多半会是一只雄性工蜂，从它羽化成蜂那一天开始，它就将开启建筑、饲喂、清巢、保温、捕猎、采集、御敌和护巢的工作，成为一只忙碌一辈子而毫无怨言的马蜂。

一只壁虎与一只毛毛虫相遇

灵魂三问

一只壁虎与一只毛毛虫相遇，发出了灵魂三问：你是谁？你从哪里来？你要到哪里去？

壁虎瞪着它的大眼睛。其实它不用瞪，它的眼睛总是大大的、凸凸的、亮亮的，似乎能洞察虫世间以及人世间的一切。不过，在它遇到一只如此花枝招展的毛毛虫时，它还是忍不住像一个好奇的人类一样，努力瞪了瞪它的大眼睛，以显示它是多么惊讶，又是多么好奇。壁虎像个哲学家一样，发出了灵魂第一问：你是谁？

不知道毛毛虫有没有听懂一只壁虎的语言，它显然对眼前这个古怪家伙的长相很感兴趣。它用长长的、细细的、敏感的触须，轻轻触碰了一下对方，这是毛毛虫的礼节——触须礼，如人类的握手，或如人类的触碰面颊。如果对方来者不善，那就对不起，柔软的细毛将瞬间转换成刺向敌人的锋利匕首。

毛毛虫低声询问

可能是壁虎没听到，或者压根就听不懂虫语，它扭头，侧耳，倾听，并发出了灵魂第二问：你从哪里来?

也许是毛毛虫觉察了对方并无恶意，往前爬了一步，直接将嘴巴凑到了壁虎的耳边，来来，附耳过来，让我告诉你，我是个骄傲的毛毛虫公主，我呢，从树枝的那头过来，要去树枝的另一头，去寻找更美味的食物，好汲取营养，快速成长羽化，好去遇见我的王子。顺便打探一声，在你来的路上，有没有遇到一位衣着翩翩的王子呢?

唉，原谅我这个笨拙的翻译，未能将你们精彩的对话，全部翻译成我们人类的语言，但我知道，如果一只毛毛虫与一只壁虎邂逅，它们不会擦出爱情的火花，但一定像个哲人一样，完成了两个世界的灵魂拷问。

螳螂的祈祷

古希腊，人们视螳螂为先知，又因为，它举起前臂的样子，太像一个祈祷的少女，古希腊人又称螳螂为祷告虫。

螳螂的身材，也确实美艳之极，那身段，那线条，多么窈窕；那跳跃的姿势，那挥袖长舞的样子，多么青春有活力。

这是一只新生的螳螂，它亲吻着自己的前臂，仿佛在虔诚地祷告。它当然不是在祷告，事实上，这一辈子，它都得仰仗这对大刀，用它们捕获猎物，用它们对付敌人，也用它们触摸、拥抱另一只螳螂。每一只螳螂都知道这一点，所以，一旦成为一只螳螂，它就会天然地爱上自己这对武器。它亲吻它们，就像一个武士亲吻自己的利剑。

对很多小昆虫来说，螳螂可谓终极杀手。这不仅因为螳螂有致命的武器，还在于它们高超的拟态术。很多昆虫也有拟态的本领，那大多是为了装死，以逃过敌人的劫杀。螳螂不一样，它的拟态大多是为了诱敌，然后，出其不意，大刀出鞘，捕获敌人。有一种螳螂，能拟成花瓣的状态，身体则变为紫白色，使自己看起来像一朵娇艳欲滴的紫白色的兰花。诸如蝴蝶啊蜜蜂啊这些爱花的小昆虫，为花所诱，毫无戒备地飞到了它的面前。这时候，它只需突然挥舞大刀，就能将小猎物轻松捕获。还有一种螳螂，会伪装成树叶、树枝或树疤，以迷惑小昆虫。

这只新生的螳螂，遇到了另一只也是新生的螳螂，它们触碰了一下前臂，打了一个招呼，即刻各自跳开。一只螳螂，也会成为另一只螳螂的食物，所以，螳螂们出生之后，就会立即散开，各奔东西，它们这么做，正是为了避免自相残杀。跑得慢，很可能就要自求多福了。

致命一击

它的大名威猛无比——环斑猛猎蝽。《说文解字》曰："猎，放猎逐禽也。"猎蝽，一个"猎"字，状如恶犬，虎虎生威，带着咄咄杀气。还不是一般的猎犬，是猎犬中的猛将。猛猎蝽，单听听这名字，就令所有的虫蚁闻风丧胆。身上还有环斑，如虎头的"王"字，如恶人胳膊上的文身，简直江湖霸气侧漏。环斑猛猎蝽也不虚其名，堪称昆虫界的冷面杀手。每遇猎物，亮喙如剑，一击而致命。姬蝽、瓢虫、蜘蛛、蚂蚁、蛾等几乎都是它的美食。环斑猛猎蝽的活动范围甚广，或游走于树丛，或藏匿于洞穴，或潜伏于石缝，或漫步于地面。总之，只要是其他昆虫出没的地方，无不是它的地盘、它的战场，也是它的餐桌。

它还是个聪明的猎手。我们来看看它是怎么捕食白蚁的。它会守在白蚁的巢穴前，并将自己伪装起来，守株待兔，坐等白蚁的出现。当第一只白蚁出洞的时候，猎蝽会猎杀掉它，并大快朵颐，以使其气味四处飘散开来，其他的兵蚁闻到了自己同胞遇难的气息，便纷纷前往驰援。而这正中了它的计谋，一只接一只白蚁自动送上门来，成为它的盘中餐。

像所有的猎蝽一样，环斑猛猎蝽主要以昆虫为食，而这其中，很多昆虫又恰好是树木和其他植物的害虫，环斑猛猎蝽一不留神，成了树木的帮手。

天上飘来一朵云

所有的蚜狮，最终都将羽化成美丽的昆虫——草蛉。但是，它们在羽化之前，走过的路是不一样的，吃过的食物是不一样的，受过的苦难也是不一样的。蚜狮完美地诠释了什么叫殊途同归。

你不会在这个世界上，找到任何两只长相相同的蚜狮，它们买了同一张单程票——羽化成草蛉，却上了各自的列车，一路上又携带了完全不同的行李。在哐当哐当的羽化之路上，每一只蚜狮都各显神通，唯有到了终点站，你才能看到它们同样的真面目——宛若仙女的草蛉。

这只蚜狮，刚出生不久，它就开始了它的“打扮”之路，利用它路途上遇到的东西进行伪装。与其他蚜狮一样，它的身躯上多出来的任何东西，都是它的战利品或者行李。它身上的枯枝让它原本娇小的身板，瞬间显得硕大了许多，使它呈现出一种神奇的造型，足以威慑住那些试图觊觎它的对手。身边的蚜虫的背上，也慢慢“长”出了小白须，也许，是蚜狮在模仿它们，这样，能更好地伪装和接近它们，然后，消灭它们。

这只即将羽化的蚜狮，它的后背上，已经隆起厚厚的白絮，远看，就像天上飘来的一朵云。

虫生的路有千万条，条条通罗马，你吃过足够的苦，受过足够的累，历经足够的坎坷，你就一定能够羽化到美丽的彼岸。

牛粪、蜣螂蛹与蚂蚁

一头牛一脚踏碎了地上的一坨牛粪。牛不会想到，它这一脚把一条虫的梦给惊破了。藏在牛粪里的蜣螂蛹，暴露了出来。

蜣螂，又名屎壳郎，一辈子主要以牲畜的粪便为生。名字不好听，但它可是草原生态链里非常重要、不可或缺的一环，它是清除牲畜粪便、变废为宝的好帮手。可以不夸张地说，没有屎壳郎，草地就不会如此肥沃，草原就不会那么葱郁。大地之上，牲畜或其他动物的粪便一坨又一坨，蜣螂成虫会择其一坨，从上而下打个孔，钻入其中，再在粪坨之中，打若干个洞，形成一个洞孔密布的家。蜣螂就在这粪便的洞穴中，取食，产卵，孵化，生生不息，直至

一只蚂蚁发现了蜣螂蛹

蚂蚁试图搬动蜣螂蛹

后代们也羽化为成虫，去另一坨粪便中安营扎寨，如此往复，无穷无尽。

这只可怜的蜣螂蛹，还没来得及羽化，就被踏破了家门。更不幸的是，它很快就被一只觅食的蚂蚁发现了。蚂蚁试图咬噬它，将它拖拽回自己的巢穴。但蚂蚁的杀伤力显然不够，不足以咬死身躯大得多的蜣螂蛹，它也没有足够的力量，独自将蛹拖拽出粪洞。蚂蚁在几次努力无果后，悻悻地离开了。

蜣螂蛹破了，必死无疑了，虽然它拼尽力气，想钻回牛粪中，暂缓它的死亡。它也许知道，蚂蚁是去搬救兵了，如果不能赶在蚂蚁大军到来之前，隐藏好自己，它就难逃成为蚂蚁或别的昆虫美食的命运。

武士虎甲

它有一个虎虎生威的名字——虎甲。虎甲像老虎一样，虎背熊腰，强壮有力；像老虎一样，虎牙桀立，一招锁喉；也像老虎一样，虎虎生风，跑得贼快。

虎甲是所有昆虫里跑得最快的，没有之一。它的腿细长，后腿比前腿长，是天生的速跑冠军。当然，作为昆虫，它也可以飞翔，低空俯冲，如利剑出鞘。两个人遇见老虎，如果你跑不过老虎，就必须跑得比另一个人快；如果是两只昆虫遇见了虎甲，结果也一样，若想活命，你跑不过虎甲，就必得跑过另一只昆虫。

身为昆虫界的一只“虎”,虎甲自然少不了两把刷子。它的两把刷子就是它的一对螯肢，像两排锯齿，咬合之后，完美地交错，锁住敌人。虎甲称得上是昆虫世界的武士,江湖之上到处都流传着虎甲的传说。小虫子不听话，唬它“虎甲来了”，小虫子立即乖巧起来。

虎甲除了令所有的昆虫闻风丧胆，它还敢于向人发出挑战。虎甲喜欢在地面活动，遇见对面来人，换作别的虫，早溜之大吉，虎甲不惧，虎甲何惧？虎甲拦住来人去路，大喝一声，来者何人？人没听见，继续往前走。虎甲退后三步，挥舞着自己的月牙大齿，嗡嗡有声，报上名来！人无视，仍然往前走。虎甲不恼，不慌，亦不逃，再后退三步，与人对峙。

原来，江湖上盛传的“拦路虎”，非真虎，乃虎甲虫也。昆虫的武士，就是这么桀骜，就是这么霸道，就是这么生猛。

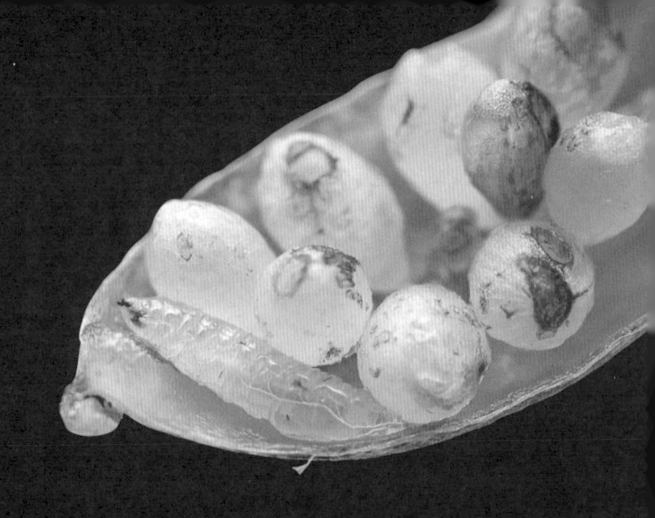

昆虫的幼虫以堇菜果实为食

果实里的秘密

这是堇菜尚未成熟的果实。

田野之上，到处都是堇菜，它们开细碎的花，结小小的果。当秋天来临，果实成熟，就会自然裂开来，种子们就会蹦回到地上。待到来年春暖花开，种子发芽，再开细碎的花，结小小的果。

但这枚堇菜的果，多半是没有机会再结籽、发芽、开花了。它的果壳里被埋下了另一粒“种子”，这粒“种子”不会长成植物，也不开花，而是变成蛹，最后，羽化成虫。

一只昆虫在盛开的堇菜花中飞翔，它不是来采蜜的，也不是来摘花的，它挑中了一粒刚刚结出的堇菜嫩果，然后，将自己的一枚卵产进了果壳里。它很聪明，一枚果壳里只产一枚卵。它也精准地算好了时间，当堇菜的果子慢慢成熟的时候，它的卵也正好孵化成蛹，封闭的果壳将成为卵最好的也是最安全的摇篮，而这些果实，将成为虫生第一餐美食。这么多的小果实，足够它养活自己，它长得又肥又嫩，让真正的堇菜种子自惭形秽。

更绝的是，当秋天来临，堇菜的果实完全成熟了，就会像一个酝酿已久的秘密嘭的一声炸裂开来，里面的种子于是一粒粒蹦出来，欢快地跳到地上，钻进泥土的怀抱。但从这只豆荚里蹦出来的，不会是堇菜的种子，而是一只刚好羽化的昆虫。它抖抖鲜嫩的羽翅，看一眼已经枯萎凋零的堇菜，纵身飞进这满园秋色中。

堇菜果实成熟后自然裂开，昆虫羽化离去

体形很小的蓟马喜欢躲在花里，吸食植物汁液。一滴雨对于它来说，实在是太大了

蓟马的心愿

一滴雨的力量有多大?

一滴雨，就可以将蓟马砸死，或淹死。对一只小蓟马来说，一滴水就像太平洋一样辽阔，像马里亚纳海沟一样深不可测。

当雨天来临，它必须赶紧找到自己的庇护地。

它藏在了花蕊之下。微小的花蕊，像一把大伞，为蓟马遮挡风雨。

作为最微小的昆虫之一，蓟马的体长往往不到一毫米，个头最大的蓟马也只有七毫米。如此弱小的身板，简直不堪一击，但蓟马的生命力又特别顽强，几乎有植物的地方，就一定活跃着蓟马的身影。植物们如果有思想的话，见到蓟马肯定会簌簌发抖，因为蓟马会传播病毒，对植物造成毁灭性的打击。

蓟马的可怕之处，还在于它是个不择食、不挑食的家伙，它对植物的热爱,超乎人们的想象。如果生在瓜田,那么,它就是一只可怕的瓜蓟马，冬瓜、西瓜、南瓜，甚至苦瓜，统统是它的美食；如果生在菜地，它就摇身一变成为菜蓟马，大葱、小葱、洋葱，茄子、葫芦、百合，通通是它的最爱；如果它生在稻田，它又是一只稻蓟马，稻子、麦子、稗子，全部甘之如饴；如果它生在花丛中，那它就是采花大盗，西兰花、菜花、棉花以及所有的观赏花，一律采之食之。

不过，此刻，这只雨天里的小蓟马，显得孤独而无助，雨滴落在花蕊之中，却不肯落下，这让蓟马避之唯恐不及。它小心翼翼地顺着花茎爬上顶端，仰首看天，它的心里一定在祈祷：雨啊，快点停下来吧，且让我再饱餐一顿。

『生物导弹』

这些卵是蝽的卵，它们看起来像网球，也像一个个精致的工艺品。穿梭其中的这只蜂，叫姬小蜂，它可不是什么爱好艺术的买家，如果一定要给它冠名的话，我觉得它更像是一名导弹专家。没错，它将尝试着让这些蝽卵，变成一枚枚生物导弹。

所有的姬小蜂，不都厉害得很吗。作为最受人欢迎的益虫之一，它的厉害之处在于杀敌于无形。跟大多数的蜂一样，姬小蜂的食物也主要是花蜜，它并不直接捕杀害虫，也可以说，它是个素食主义者，那它又是如何成为一只灭杀害虫的益虫呢?

这得益于它的独特的繁育机能。姬小蜂是卵寄生蜂，什么意思呢？就是它会将自己的卵产在别的昆虫的卵里，让别人的卵养活自己的幼虫。

此刻，这只姬小蜂，就是在这些蝽卵上，播种自己的卵。它先用触角轻轻地点触一枚蝽卵，找到蝽卵外壳较薄的地方。这个动作很像医生打针，先用手指温柔地触摸你的手臂，然后，一针扎下去。

姬小蜂的腹部末端，有一个尖锐的产卵器，那就是它的针。当蝽卵松懈了，暴露出了它最脆弱的地方，姬小蜂就将它的产卵器一针扎下去，且像钻头一样，往下

姬小蜂寻找蝽卵的脆弱之处

深深地钻探，然后，将它的卵“注射”进去。姬小蜂的卵从此在这里安家、孵化，而被寄生的蝽卵，则成为滋养它长大的美味佳肴。

聪明的人们，就是利用了姬小蜂的这个卵寄生特性，制作了一枚枚精准的生物导弹，将害虫消灭在卵芽状态。

被寄生的命运

即将羽化的瓢虫蛹

再有三五天，它就可以羽化了，又一只美丽的瓢虫，将来到这崭新的世界。

瓢虫的蛹期四到八天，很短暂，但这也是它最脆弱危险的时刻，除了很容易被天敌们吃掉之外，它们还面临着另一个更可怕的对手——寄生虫。一旦不幸被选中，别的虫就会寄生在它们身上，将它们作为自己的食物。同在一片树叶上，另一只瓢虫的蛹就很不幸地被寄生了，可怜的瓢虫蛹，就像一个妈妈一样怀抱着一个孩子。这个孩子却不是它的，而是寄生蜂的，这个孩子会残忍地将蛹作为自己虫生的第一餐美食。

寄生蜂有两种寄生方式，一种是将自己的卵，产在寄主的体内，孵化的幼虫直接掏食寄主的内脏，直到寄主一命呜呼、幼虫茁壮成长。还有一种，就是将卵产在寄主的体表，待幼虫孵化后，张嘴就能啃噬到寄主的躯体。两种寄生方式，都是一样要拿寄主的命，换取自己孩子的成长。

为了确保寄生成功，寄生蜂会先蜇刺寄主，注射麻醉剂，令其动弹不得。寄主明知自己被寄生了，也无可奈何。寄主的危险解除了，还得防止寄主的天敌，将寄主连同寄生虫一起吞噬。同归于尽可不行，因此，寄生蜂还要解决另一个棘手问题，寄主最好具有结蛹的功能，以逃避或恫吓寄主的天敌，使自己免于被劫杀。

两只瓢虫蛹，两只寄生蜂，它们相遇了，瓢虫蛹的生命即将终结，而寄生在它们腹部以它们的肉身为食的寄生蜂幼虫已化蛹，也将羽化。

你可以说，所有的寄生虫都是强盗、杀手，但事实上，这是生物链上重要的一环，如果这一环没有了，世界将会变得混乱不堪。

被寄生的两只瓢虫蛹

我的昆虫影像世界

我喜欢用微距镜头记录昆虫的世界，展示昆虫的世界。我喜欢驻足野外，观察、发现昆虫世界的美好，并从中感受生命、希望和憧憬。

我对昆虫的观察和拍摄始终充满热情，无论是春夏还是秋冬，不管是高山洼地还是河畔平原，不管是或高或低的树叶，还是或浅或深的草丛；不管是叶蝉、暗翅蝉、虎甲、象甲，还是卷叶象、草蛉、天牛、锹甲。或是纤毫毕现，或是圆润通透，或是袅袅婷婷，或是红飞翠舞，每一处，每一虫，都让我沉醉其中。

每个周末或者没事的傍晚，带上装备，走进住所附近的山林，是我工作之余最愉快的事情。山林里，发现翩翩起舞的蝴蝶、挥舞大刀的螳螂、谈情说爱的象甲，我立即拿出相机，调节光圈、感光度、快门速度和调整焦距，变化角度，按下快门，将它们精彩的瞬间一一定格。

拍虫，我发现了以前没有见过的昆虫。一次，无意中看到细小的树枝，树枝旁有几片叶子没有了，细看，才发现有一只昆虫卧在那儿，轻轻触摸，软软的，凉凉的，形状像极了西瓜。这是贝刺蛾幼虫的拟态，第一次见到，很是新奇。

拍虫，我看到了昆虫之间绵绵的爱意。水边是豆娘的栖息地，豆娘交尾很有意思，在草叶、野花或是低矮的柳树上，都保持心形。这似乎是豆娘在向大自然秀恩爱、秀幸福。

拍虫，我感悟到昆虫成长的疼痛。漆黑的夜晚，看到一只螽斯在一片草叶上蜕皮，身上、脚上的皮已经蜕出，它正在用嘴拉长长的触须。螽斯拉一下，停一下，一方面它要忍受着蜕皮的疼痛，另一方面它要防御着天敌。想想，螽斯完整的蜕皮至少也要几个小时吧，这让我不禁生发感慨，做虫、做人成长都不易。

拍虫，我经历了昆虫世界的残酷。我曾经拍摄到一只蚂蚁和一只蚊子在草叶上的一场激烈的战斗。蚂蚁要把蚊子变成晚餐，蚊子在拼命地挣扎，逃脱蚁口。蚂蚁死死咬住蚊子的一条腿，向后拖动。蚊子紧紧抓住草叶，努力挣脱。几个回合，势均力敌。趁蚂蚁松懈，蚊子扇动翅膀，飞向空中。

拍虫，我原是自娱自乐、自得其乐。有幸认识著名作家孙道荣后，我们一起用图文的方式讲述昆虫的故事，让更多的人一起感知昆虫的生命信息，关注昆虫世界之美，呼吁人们热爱与保护自然。

拍摄昆虫之初，我是笨拙的，不了解昆虫习性，尤其没有掌握好拍摄时机和技巧，无法把昆虫最自然生动的状态、最美的细节和质感表现出来。后来，所幸得到秘诀微距系统研发人金飞龙的热心帮助和悉心指导，拍摄水平大大提升。面对一只昆虫，要从哪一个角度去拍，要表现它的特点，基本能做到得心应手。

《给孩子讲昆虫》得以顺利出版，要感谢中国生物多样性影像专家、自然摄影艺术家、视觉艺术家、《人与自然》

杂志视觉总监范毅老师，以及昆虫学博士、教授级高级工程师徐鹏老师。两位老师在忙碌的工作之余，对书稿进行了认真的审阅、修订。我与他们从未谋面，他们却以科学严谨的态度，给予我热忱的帮助，这让我感激不尽。

昆虫种类繁多，我们展示和讲述的只是昆虫界小小的一隅，昆虫界还有许多有趣的故事、许多未知的秘密需要大家去进行深入的探索。由于水平有限、修养不足，若有错误之处，恳请广大读者专家包容指正。

刘海春

2023 年 10 月